电力大数据全生命周期
管理与技术

戴 波 钱仲文 张旭东 等 著

科学出版社

北 京

内 容 简 介

随着智能电网建设的全面展开，越来越多的智能化设备和网络化设备接入传统的电力系统中，这些设备在发电、输电、变电、配电、用电和调度过程中产生了海量数据，深入分析这些数据，能够为我国电力事业发展、政府智能决策提供可靠依据。本书针对当前电力系统的数据现状进行深入剖析，从电力大数据采集、电力大数据存储与迁移、电力大数据共享与融合、电力大数据分析与挖掘、电力大数据可视化、电力大数据归档与销毁六个方面对电力大数据全生命周期管理与技术进行重点论述，分析其他行业大数据全生命周期管理应用案例，给出电力大数据的应用前景和建议。

本书适合电力、计算机等相关专业的高年级本科生和研究生阅读，也可作为电力大数据等相关领域研究与开发人员的参考书。

图书在版编目（CIP）数据

电力大数据全生命周期管理与技术／戴波等著. —北京：科学出版社，2020.5

ISBN 978-7-03-062612-7

Ⅰ.①电… Ⅱ.①戴… Ⅲ.①数据处理-应用-电力工程-研究-中国 Ⅳ.①TM7-39

中国版本图书馆 CIP 数据核字（2019）第 220146 号

责任编辑：赵艳春 / 责任校对：杜子昂
责任印制：师艳茹 / 封面设计：蓝　正

科学出版社 出版
北京东黄城根北街 16 号
邮政编码：100717
http://www.sciencep.com

天津市新科印刷有限公司 印刷
科学出版社发行　各地新华书店经销

*

2020 年 5 月第　一　版　开本：720 × 1000 B5
2020 年 5 月第一次印刷　印张：9
字数：165 000

定价：99.00 元
（如有印装质量问题，我社负责调换）

《电力大数据全生命周期管理与技术》
主要作者

戴　波　钱仲文　张旭东　姚一杨

王红凯　施　婧　王志强　江　樱

前　言

　　电力工业作为国家基础性能源设施，为国民经济发展提供动力支撑，与社会发展和人民生活息息相关，是国民经济健康持续发展的重要条件。近年来，随着智能电网建设的不断推进和电力信息化、电力智能化的快速发展，电力数据正呈现"井喷式"增长。积极应用大数据技术，推动中国电力大数据事业发展，积极配合国家大数据战略部署，重塑电力"以人为本"的核心价值，重构电力"绿色和谐"的发展方式，对真正实现中国电力工业更安全、更经济、更绿色和更和谐的发展具有极大的现实意义。

　　电力企业需加强对电力数据全生命周期的管理与维护，秉承电力数据"统筹标准、统筹存储、统筹共享、统筹使用、统筹安全"的建设理念；加强数据管理，提高数据使用质量，坚持"信息整合，互通互联；实时感知，动态跟踪；智能分析，科学管理"三大原则；实现"用数据感知，用数据说话，用数据决策，用数据管理，用数据创新"的管理目标。进一步提升电网企业生产管理水平，消除各部门信息壁垒，促进信息融合，促进公司数据的有效利用和业务创新。

　　本书内容安排如下。

　　第1章为引言。主要介绍电力大数据全生命周期管理项目的研究背景及意义；同时从国家大数据战略、新能源战略等高度对项目研究的意义进行总结，最后提出本书的主要研究内容和预期效果。

　　第2章为大数据全生命周期管理应用案例。首先介绍大数据全生命周期管理在典型行业的应用案例，分析这些案例中使用大数据管理的优势，说明电力企业有条件、有能力、有必要进行大数据研究；然后阐述大数据全生命周期管理内涵和现状，规划大数据全生命周期管理建设原则，同时梳理电力大数据全生命周期各个阶段存在的问题，并在此基础之上提出电力大数据全生命周期管理体系架构。

　　第3章为电力大数据采集。主要介绍电力大数据的主要来源及特点，总结电力大数据数据质量和标准问题，提出可扩展的电力大数据采集方案，简单分析电力大数据采集过程中需要使用的相关技术及推荐使用的采集工具。

　　第4章为电力大数据存储与迁移。首先介绍电力大数据存储面临的困难；其次给出异构数据导入框架和异构数据迁移框架；然后使用三层存储结构分别对不同价值和不同使用频度的数据进行分层存储；最后介绍分布式检索框架

Elasticsearch, 推荐电力大数据迁移工具 Kettle。

第 5 章为电力大数据共享与融合。首先介绍电力大数据共享与融合的重要性；其次介绍开源的数据共享架构 NiFi；然后总结目前常用的几种数据融合方法；最后提出基于知识谱图的数据融合方案，并详细介绍电力知识图谱的构建方法和具体流程。

第 6 章为电力大数据分析与挖掘。首先介绍电力大数据分析的常规流程；其次根据电力大数据特有的数据特点，分别介绍开源的数据分析框架 Hadoop、Spark、Zookeeper 等；然后依据电力业务需求，介绍不同的数据挖掘算法；最后推荐基于机器学习工具 sklearn 和深度学习工具 Keras。

第 7 章为电力大数据可视化。该部分主要从不同数据层面对数据进行可视化，分别介绍电力经营数据可视化和电网生产数据可视化，最后介绍百度开源可视化工具 ECharts。

第 8 章为电力大数据归档与销毁。首先介绍数据归档基本原理及步骤流程；然后总结基于 ERP 系统结构化数据归档技术和 Tigge 数据自动化归档技术；最后阐述数据销毁相关技术。

第 9 章为电力大数据应用前景。首先总结电力企业在大数据应用方面已经取得的成功案例经验；然后归纳目前及未来公司应有的业务需求。

本书由国网浙江省电力有限公司、华东师范大学和北京航空航天大学共同撰写。琚小明副教授、李博副教授在本书撰写过程中给出了非常宝贵的意见和建议，特此感谢。

由于作者水平有限，书中难免存在不足之处，恳请广大读者批评指正。

作　者

2019 年 5 月

目　录

第1章 引　　言

1.1 背　　景

1.1.1 大数据战略背景

1. 中国大数据战略

2016 年,《中华人民共和国国民经济和社会发展第十三个五年规划纲要》(以下简称"十三五规划纲要")正式公布。"十三五规划纲要"的第二十七章题目为"实施国家大数据战略",这是"国家大数据战略"首次被公开提出。"十三五规划纲要"对"国家大数据战略"的阐释,成为各级政府在制定大数据发展规划和配套措施时的重要指导,对我国大数据的发展具有深远意义。

2016 年底,工业和信息化部正式发布《大数据产业发展规划(2016—2020 年)》。《大数据产业发展规划(2016—2020 年)》以大数据产业发展中的关键问题为出发点和落脚点,明确了"十三五"时期大数据产业发展的指导思想、发展目标、重点任务、重点工程及保障措施等内容,成为大数据产业发展的行动纲领。农业林业、环境保护、国土资源、水利、交通运输、医疗健康、能源等主管部门纷纷出台了各自行业的大数据相关发展规划,大数据的政策布局逐渐得以完善。

国家大数据战略内涵[1]如下。

(1) 推动大数据技术产业创新发展。瞄准世界科技前沿,集中优势资源突破大数据核心技术,加快构建自主可控的大数据产业链、价值链和生态系统。

(2) 构建以数据为关键要素的数字经济。坚持以供给侧结构性改革为主线,加快发展数字经济,推动实体经济和数字经济融合发展,推动互联网、大数据、人工智能同实体经济深度融合,继续做好信息化和工业化深度融合这篇大文章,推动制造业加速向数字化、网络化、智能化发展。

(3) 运用大数据提升国家治理现代化水平。建立健全大数据辅助科学决策和社会治理的机制,推进政府管理和社会治理模式创新,实现政府决策科学化、社会治理精准化、公共服务高效化。要实现这一目标,不但要重点推进政府数据本身的开放共享,还应当将各级政府的平台与社会多方数据平台进行互联及共享,并通过大数据管理工具和方法,全面提升国家治理现代化水平。

(4) 用大数据促进保障和改善民生。大数据在保障和改善民生方面大有作为。

要坚持问题导向,抓住民生领域的突出矛盾和问题,强化民生服务,弥补民生短板。

(5) 切实保障国家数据安全。要加强关键信息基础设施安全保护,强化国家关键数据资源保护能力,增强数据安全预警和溯源能力。要加强政策、监管、法律的统筹协调,加快法规制度建设。目前,关键数据基础设施的公权力、数据的生成、数据的权属、数据的开放、数据的流通、数据的交易、数据的保护、数据的治理以及法律责任等问题,都亟须得到法律的确认。

随着工业化和信息化的深入融合,基于智能制造的工业大数据时代已经来临,大数据技术及应用将成为提升制造业生产力、竞争力和创新力的关键要素,是驱动产品智能化、生产过程智能化、管理智能化、服务智能化、新业态新模式智能化的必要手段,也是支撑生产转型和构建开放、共享、协作的智能制造产业生态的重要基础,对实施智能制造战略具有非常重要的推动作用。

当前信息通信技术(information communications technology, ICT)对中国电力工业的贡献正处于量变到质变的关键节点,而变化的本质就是电力信息通信与电力数据的爆炸性增长。中国电力工业经过几十年的高速发展,随着下一代智能化电力系统建设的全面开展,中国的电力系统已经成为了世界上规模最大的关系国计民生的专业物联网,甚至在某种程度上,这遍及生产经营各环节的关系网构筑起了中国最大规模的“云计算”平台,为从时间和空间等多个维度进行大范围的能源、资源调配奠定了基础。

2017 年 12 月 8 日,中共中央政治局就实施国家大数据战略进行了第二次学习。强调推动实施国家大数据战略,加快完善数字基础设施建设,推进数据资源整合和开放共享,保障数据安全,加快建设数字中国,更好地服务我国经济社会发展和人民生活改善。强调大数据战略必须服务于“一带一路”倡议、支持“一带一路”倡议甚至率先实现“数字一带一路”。相较于铁路、桥梁、港口等交通基础设施的建立,光纤、电网等基础设计的建设周期较短,更易于实施。

因此,全面准确地理解国家大数据战略,需要立足“人类命运共同体”远大使命,跟上中华民族伟大复兴的脚步,配合支持“一带一路”倡议,认真贯彻国家大数据战略部署,积极配合大数据平台的构建与应用。

电力大数据是国家大数据战略的重要组成部分,是大力推进数字中国建设的必要环节,除此之外电力大数据的构建为社会、政府部门和相关行业服务,为电力用户服务,对支持电网自身的发展和运营都具有重大意义!

2. 美国大数据战略

2016 年 5 月,美国发布了《联邦大数据研究与开发战略计划》[2],其目标是对联邦机构的大数据相关项目和投资进行指导,主要围绕代表大数据研发关键领域的七个战略进行，包括促进人类对科学、医学和安全所有分支的认识；确保美国在研发领域继续发挥领导作用；通过研发来提高美国和世界解决紧迫社会与环境问题的能力。

战略 1：利用新兴的大数据基础、技巧和技术来创造下一代智慧能力。计算和数据分析的进步将提供新的抽象概念来处理复杂的数据，并能够简化可扩展性和并行系统的编程，与此同时还可以实现更高的性能。计算机科学、机器学习和统计领域的根本性进步将促进灵活、迅速响应和预测性的数据分析系统的发展。深入研究众包、公民科学和集体分布式任务等社会计算将有助于人类完成超出计算机能力范围的任务；与数据交互和数据可视化的新技术及方法将强化"人类-数据"的联系(接口)。

战略 2：支持研发，以更好地探索和理解数据与知识的可信度，实现更佳决策，促进突破性发现并采取有信心的行动。在数据驱动型决策中提高透明度需要提供技术和工具支持，包括可以在决策过程中显示详细审计信息的工具。另外，还需要对元数据框架进行研究以保证数据的可信性，包括记录上下文和语义数据。在使用机器学习的数据驱动型决策和发现系统时，跨学科研究是必要的，这样才能研究清楚如何最有效地使用数据来支持和提高人类的判断力。

战略 3：建立和加强对网络基础设施的研究，使大数据创新可以为机构使命提供支持。共同的基准、标准和指标对于一个运作良好的网络基础设施生态系统来说是必不可少的。参与式设计也是不可或缺的，它可以被用于优化基础设施的实用性并能将其影响降到最低。

战略 4：通过促进数据共享和管理政策来提高数据的价值。大数据的规模和异质性给数据共享带来了巨大挑战，因此需要鼓励共享源数据、接口、元数据和标准，鼓励相关基础设施提高互操作性，提高现有数据的可访问性和价值，并增强结合数据集进行新的分析的能力。研究"人类-数据"的联系是必要的，研究可以支持灵活、高效和可用的数据接口的发展，适应不同的用户群体的特定需求。

战略 5：了解大数据的收集、共享和使用方面的隐私、安全和道德问题。隐私、安全和道德问题是大数据创新生态系统中的关键因素，对于保护隐私和澄清数据所有权来说，新的政策解决方案可能也是必要的。当高度分布式的网络在大数据的应用场景变得越来越普遍时，技术和工具也需要被用于辅助评估数据的安全性与数据保护。国家必须在大数据中提倡道德观念，确保技术不会传播错误或对某些群体造成不利影响(无论明示还是暗示)。探索道德问题的大数据研究，将使各方利益相关者在关注大数据创新的效用、风险和成本的同时，更好地考虑价值和社会伦理。

战略 6：改善全国的大数据教育和培训局面，以满足对更广泛劳动力深层分析型人才和分析能力日益增长的需求。制定一个全面的教育战略是必要的，这可以满足大数据领域对劳动力不断增长的需求，还能确保美国保持经济竞争力。随着科学研究领域的数据越来越丰富，科学家需得到机会进一步完善自身的数据科学技能。

战略 7：创建和加强国家大数据创新生态系统的联系。应该建立持续的机制来提高联邦机构在大数据领域进行合作的能力。第一种机制是建立跨机构"开发沙盒"或测试平台，它们可以帮助联邦机构合作开发新技术，并实现研发成果的产业化。第二种机制是制定政策，允许数据进行跨部门边界的快速和动态共享，以应对紧急优先事项，如国家灾害。第三种机制是建立大数据"基准中心"，专注于重大挑战的应用，并帮助确定必要的数据集、分析工具和互操作性要求，以此来实现关键的国家优先目标。第四种机制是需要建立一个由各联邦机构从业者组成的强有力的团体，以此来促进快速创新，为研究投资带来最大的回报。

3. 大数据是智能电网的使能技术

在大数据时代，云服务、物联网(internet of things, IoT)、统计分析、机器学习、人工智能(artificial intelligence, AI)、自动化、智能化等技术组成了一个全新的智能网络生态系统。技术不仅是提升效率的工具，还是能源行业成功的业务战略与未来收入增长的基石。

云服务化：云服务为我们的生活和生产带来了巨大的便利性，能够帮助能源行业使用快速动态的市场变化，能够更加合理地服务于用户，国际数据公司(International Data Corporation, IDC)最新报告显示，23%的电力企业已经使用私有云服务进行数据存储和服务优化，18%的电力企业接入了公有云服务。整个电力行业正逐步利用云平台部署软件即服务(software as a service, SAAS)应用。

移动化：移动设备的普及大大促进了移动化进程，如移动宽带网络、高分辨率屏幕终端以及移动办公管理软件。能源行业对配网自动化、计量自动化、智能抄表、视频监控、移动办公等都有迫切的需求，同时考虑到地理环境的影响，移动化是必然的趋势。

物联网：随着智能化进程的大力推进，作为代表应用的物联网的发展更是突飞猛进，摄像头、温度传感器、湿度传感器等设备已经走入现代企业。电力企业更不例外，智能电表、智能摄像头、温度传感器等设备，配合无线技术便可以很方便地采集各种感应数据，产生的日志数据和工艺数据对设备维护、维修和工艺流程优化具有极其重要的意义。

大数据技术：在欧美发达国家中，多数销售企业利用大数据技术构建客户画像，对客户进行精细划分，实现个性化的产品推荐，实现销量和用户满意体验双重回报。电力企业有条件也有必要利用多年来积累的用户数据与业务数据，对电力用户和企业构建用户与企业画像，同时对发电、输电、配电流程进行优化。

此外，随着当前存储和计算能力的飞速发展，机器学习与深度学习将在大数据分析领域发挥更大的潜能，使能源行业持续在多个方面做出改变。

1.1.2　电力企业大数据业务背景

随着智能电网建设的不断深入，越来越多的智能设备和互联网设备接入传统的电力系统中，这些设备在发电、输电、变电、配电、用电、调度等过程中产生了海量的数据，这些数据蕴含了极大价值，通过数据挖掘技术对这些数据进行深层次的挖掘，能够为公司发展和智能决策带来巨大利益。

同时，为了响应国家大数据战略要求，电力企业积极落实国家部署，履行社会责任，推动实施国家大数据战略，加快完善数字基础设施，推进数据资源整合和开放共享，保障数据安全，加快建设数据强国，更好地服务于经济社会发展和人民生活改善。

目前，电力企业数据应用成果已涵盖电网安全、规划投资、客户服务、流程优化、专业协同、辅助决策等众多领域。在打造数据价值挖掘平台进程中，聚焦企业主营业务、核心资源和关键流程，开展业务数据体系梳理和构建，推进数据高效归集，同时培育数据文化，推动成果转化。

1.2　意　　义

本书以国内外电力行业数据管理为研究对象，对大数据的特征及其全生命周期研究所面临的挑战，参考和对比已有的优秀研究成果，对大数据的全生命周期过程、数据处理与安全的核心支撑技术、大数据全生命周期管理的体系框架与大数据全景展示的系统结构等四个层次进行重点研究。以大数据全生命周期为基本研究对象，研究大数据全生命周期存在的问题；梳理大数据全生命周期过程中涉及的相关技术，形成一套支撑大数据全生命周期过程的数据管理的体系框架，以期在以下五个方面产生积极影响。

(1) 电力大数据作为国家大数据战略的重要组成部分，通过率先研究大数据在电力行业的应用，形成可复制、可借鉴、可推广的电力大数据全生命周期管理模型，对其他行业大数据应用具有重大意义；

(2) 构建电力大数据全生命周期管理模型，弥补数据管理过程中各个阶段存在的不足，减少数据存储成本，加强数据流动，增加数据价值；

(3) 实现多源异构数据融合，解决数据孤岛问题，促进省、市、县三级数据联动，促进不同部门、不同业务间相关数据的互通互用；

(4) 不断加强多源异构数据融合的深度和广度，利用机器学习、深度学习等

前沿技术深度挖掘领域知识,不断扩展新模式、新业务;

(5) 在电网大数据全生命周期管理过程中,不断积累经验,逐步完善标准,持续推进电网数据共享开放体系建设。

1.3　主要研究内容

以完善大数据全生命周期管理为主线,推动全生命周期对大数据进行管理方法与体系架构的构建,围绕以下五个方面进行全面阐述。

(1) 分析大数据的研究现状与面临的挑战。围绕电力大数据全生命周期的各个阶段,分析当下所面临的数据质量、存储、融合、分析、可视化与信息传递等方面的挑战。

(2) 研究大数据全生命周期管理的战略价值。围绕电力大数据全生命周期管理在信息管理与业务目标相对应方面的作用与价值,分析数据相对业务价值不断变化时,电力企业按照数据当前价值管理数据给电力企业带来的战略价值。

(3) 研究大数据全生命周期管理的体系架构。围绕电力大数据全生命周期管理的各个阶段,以电力企业业务为中心,管理制度为基础,构建能够实现集中化管理、能够处理异质环境、创造数据价值的全生命周期管理体系架构。

(4) 研究大数据全景展示的体系架构。围绕电力全生命周期管理的各个阶段,基于电力系统全景实施数据分析的需求,构建安全可靠、解决实时状态监控及能源平衡调度等核心问题的大数据全景展示体系架构。

(5) 研究电力大数据全生命周期管理的重要技术。梳理电力大数据在采集、存储、迁移、集成、分析、可视化、归档、销毁等管理流程中存在的问题,分析对比各阶段常用的技术,最终提供数据全生命周期管理体系架构和技术路线。

第 2 章　大数据全生命周期管理应用案例

随着大数据技术的不断完善和国家大数据战略的持续深入推进，越来越多的行业和部门开始使用大数据来完成业务规划及价值提升。本章首先列举云上贵州大数据管理平台、Google 大数据全生命周期管理案例和京东金融大数据全生命周期管理案例，分析政府、企业、事业单位等不同行业部门对大数据全生命周期管理及应用的情况，以期从不同行业的应用中借鉴合理的大数据管理理念和技术，服务于电力企业大数据全生命周期管理。然后，介绍大数据全生命周期管理内涵、存在的问题与挑战，给出电力大数据全生命周期管理的建设原则。最后设计适用于电力企业的大数据全生命周期管理架构。

2.1　大数据全生命周期管理在典型行业的应用案例

2.1.1　云上贵州大数据管理平台

1. 整体架构

云上贵州大数据管理平台[3]是贵州省自主搭建的实现全省政府数据"统筹存储、统筹共享、统筹标准、统筹安全"的关键信息基础设施，是贵州省政府数据"集聚、融通、应用"的重要支撑，采用具有自主知识产权的云操作系统和软硬件产品进行搭建，形成了自主、安全、可控的大数据管理能力。通过电子政务外网和互联网，为全省政府、企业、事业单位提供云计算、云存储、云安全及数据共享开放等多项服务。

云上贵州大数据管理平台整体架构分为基础层、核心层和应用层，其架构如图 2-1 所示。基础层包含全省统筹建设的云计算、云存储、网络等基础设施，可提供云服务器(elastic compute service，ECS)、关系型数据库服务(relational database service, RDS)、负载平衡(server load balancer, SLB)、对象存储服务(object storage service, OSS)等基础服务；核心层包含政府部门间数据共享交换的数据共享交换平台和面向社会开放数据的贵州省政府数据开放平台；应用层包含各级政府部门通过电子政务外网和互联网面向政府与公众提供的各类服务及应用。

2. 云上贵州大数据全生命周期管理架构

图 2-2 展示了云上贵州大数据全生命周期管理架构图，主要包括源数据层、数据存储层、数据处理层和数据可视化层。

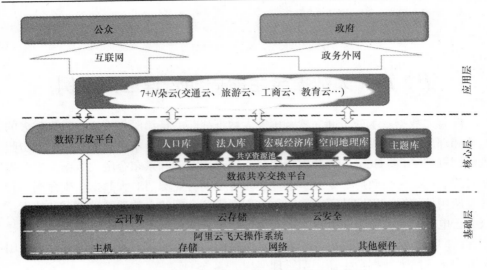

图 2-1　云上贵州大数据管理平台整体架构图

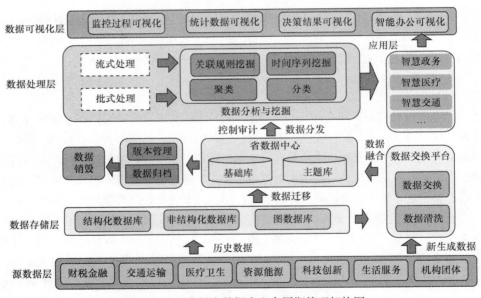

图 2-2　云上贵州大数据全生命周期管理架构图

1) 数据创建

贵州省数据中心深入调研财税金融、交通运输、医疗卫生、资源能源、科技创新、生活服务、机构团体等领域，了解各行业数据之间的共性，统一数据模型。抽取各行业业务主数据、规范元数据，在此基础上注重业务数据的一致性，促进不同行业相关数据的关联。

云上贵州大数据管理平台在初期数据创建时就注重数据标准化问题，主要根据词素、单词、用语和域四个基本要素对其数据的标准化进行管理。

词素[4]是构成词的要素，是语言中最小单位的音义结合体。词素是比词低一级的单位，词是语言中能够独立运用的最小单位，是相对词在句法结构中的地位和作用而言的。从语言的词本身来讲，很多词可以进一步分解成若干个最小的音义统一体，即词素。

单词一般由三部分组成：词根、前缀和后缀。词根决定单词的意思，前缀改变单词词义，后缀决定单词词性，其中词根是一个词最根本、最核心且不能加以分析的部分。

用语是指在一个特定情境下，表示某个事物过程的单词。

域是某个特定领域的词语集合。

云上贵州大数据标准化流程图如图 2-3 所示。

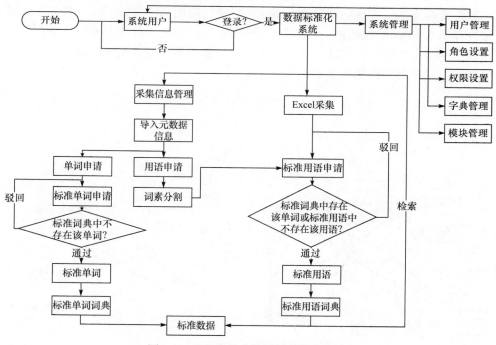

图 2-3　云上贵州大数据标准化流程图

云上贵州在数据创建过程中定制数据标准，最大限度地符合行业标准的通用性和规范性，通过规范性原则来最大限度地优化数据的质量。

2) 数据保护

云上贵州大数据管理平台从物理安全、网络安全、数据安全、云平台安全、系统安全、应用安全与数据安全等多方位进行安全防护，产品符合以下安全要求。

(1) 公安部信息安全系统等级保护三级；

(2) ISO27001 信息安全管理国际认证；

(3) 数据访问控制策略等级；

(4) 数据认证技术等级。

3) 数据共享

为有效打破数据资源壁垒，促进数据资源管理与共享开放，向政府部门提供统一、高效的数据开放途径，在推动数据资源应用等方面先行探索，积累先试经验，为此，研发了贵州省政府数据开放平台。该平台致力于向公众用户提供权威、可靠的政府绿色开放数据，使得公众用户或社会企业能够方便快捷地使用政府绿色数据资源。通过大数据手段共享资源的理念，真正地盘活政府数据资源，让历史数据更好地被利用，挖掘出新的价值。

云上贵州大数据管理平台目前建设有观山湖和贵安两个节点，两个节点通过 2×10G 专线互联，实现同城异地灾备，同时支持应用双活部署。两个节点互联网分别提供 2×10G 专线链路，政务外网分别通过 2×10G 光纤接入省信息中心。平台内部网络分为弹性计算区域、分布式存储区域、关系型数据库区域、负载均衡区域等，其网络架构如图 2-4 所示。

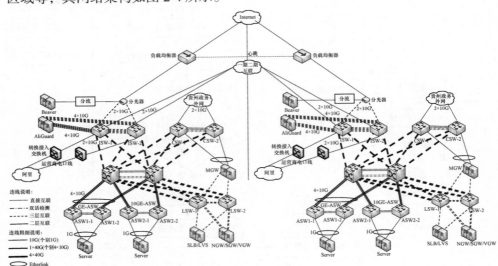

图 2-4　数据保护整体架构

贵州省政府数据开放平台采用云技术架构，与传统系统架构相比更加灵活、可靠、稳定，同时采用 SLB 负载均衡、内容分发网络(content delivery network, CDN)静态缓存、消息队列(message queue, MQ)处理、碎片化分布式存储等先进云架构体系，能够有效地避免传统架构设计的弊端，让平台实现安全可靠运行，满足并提供各类群体真正的需求和方便的绿色政府开放数据。

云上贵州数据共享交换平台底层分为共享交换层和共享资源层，其功能架构如图 2-5 所示，共享交换层采用数据接口封装、认证、调用等技术实现不同数据库间的数据交换，对各部门数据资源目录、数据集、交换审计等实施全过程化管理，满足部门间数据共享交换的需要。共享资源层采用数据处理平台，搭建共享基础数据库，逐步建设各类专题数据库和应用数据库，实现共享基础数据库的集中管理，最终实现数据共享和关联应用。应用层提供用户管理、数据管理、数据目录管理、数据需求管理、统计分析、日志管理及消息通知功能，满足各部门对数据共享交换的应用需求。

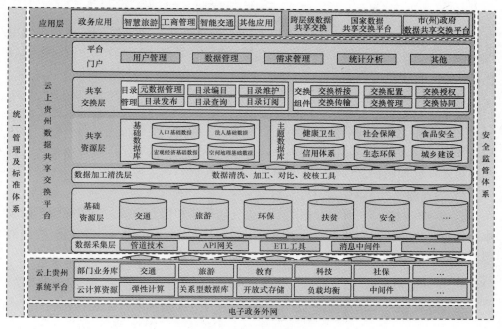

图 2-5　数据交换架构

4）数据迁移

（1）数据平行迁移。云上贵州大数据管理平台 RDS 能够支持原系统使用 MySQL、MSSQL 和 PostgreSQL 的数据库类型，只需要把原有数据迁移到数据库中，这类数据可以快速部署并无缝迁移到省数据中心，该类数据迁移周期短，数据迁移流程如图 2-6 所示。

（2）数据系统改造迁移。数据库改造：原有应用系统使用的数据库是 Oracle、Sybase、DB2、达梦、金仓、芒果等，系统需要改造成 RDS 支持的数据库类型，这类系统若属于数据量不大、压力不大的系统，建议进行数据库改造。改造后的数据库可以选择 MySQL、SQL Server 2008、PostgreSQL，具体选择哪些数据库，根据业务情况和系统实际情况确定。

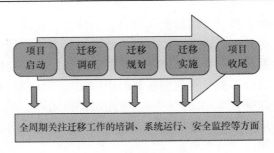

图 2-6　数据迁移流程

数据存储改造：原有的文件(图片、视频、文本)存储量若超过 ECS 云盘使用的限制，为了实现更好的扩展和性能，需要使用对象存储服务存储，同时需要对应用代码进行少量的改造。

5) 数据归档

云上贵州大数据管理平台根据 8 个主要领域的核心业务及数据的重要程度，按核心、重要、一般和留存 4 个级别，分别对主数据、元数据和业务数据三类数据资产进行梳理备案，对这些数据进行分类归档存储，制定不同的存储策略，以便可以按照数据归档级别提高检索速度，完善数据归档流程。

6) 数据销毁

随着时间的推移，有些数据逐步失去利用价值和保存价值，为了降低存储成本，依据国家及贵州省相关数据销毁规定，对数据进行毁灭性永久销毁。数据销毁既可以节省数据存储空间又可以防止隐私数据泄露。

3. 业务应用示例

1) 环保部门利用大数据改善污染治理

贵州省为改善省内环境，借助大数据技术开展空气污染整治活动。依靠省数据中心已有数据，融合分析气象部门采集的 PM10、二氧化氮、二氧化硫等汽车尾气排放物，对严重超标的地区进行车辆限流、时段管制等措施，并结合交通管理数据，对违规车辆进行处罚，结合工商部门数据，对污染物排放超标的企业进行处罚整改，同时通过社交平台向市民预报实时大气质量状况，并呼吁市民绿色出行，减少大气污染。

2) 工商部门主要对企业异常行为监测预警

依托大数据资源，建设市场主体分类监管平台，将备案的个体经营店铺精确映射到电子网格监管地图中，融合备案信息、经营类别信息、纳税信息等。

政府利用大数据技术为全国的中小型企业提供产业动态、供需情报、行业龙头、投资情报、专利情报、海关情报、招投标情报、行业数据等基础性情报信息，并且根据企业的不同需求提供消费者情报、竞争者情报、销售类情报等个性化制定情报，为中小企业全面提升竞争力提供数据信息支持。

3) 交通部门利用大数据技术解决拥堵情况

利用大数据技术对每个城市的交通状况进行监测，每个城市都会有自己的交通大数据平台对本市进行全局实时监测分析，自动调配公共资源，修改完善城市运行中存在的问题。利用大数据技术可以缓解城市交通堵塞，进行事故高发区、早晚高峰期的实时分析。通过监控道路车辆流动情况，全天候实时监测各道路车辆流动情况，识别出各个时段道路拥堵情况。为人们的出行提供了极大的便利性和安全性。

4) 教育部门利用大数据改善教学体验

在网络学习和面对面学习融合的混合式学习方式下，实现教育大数据的获取、存储、管理和分析，为教师教学方式构建全新的评价体系，改善教与学的体验。为提高教学水平，应用数据挖掘和学习分析工具，为教学改革发展提供持续完善的系统和应用服务。

5) 云上贵州大数据管理平台的意义

云上贵州大数据管理平台，融合了全省、市、县政府部门的数据，主要包括典型的公安、交通、医疗、卫生、就业、旅游等行业数据，实现了多部门、多业务、多行业的数据流动，真正实现了"让数据多走动，让群众少跑腿"的大数据治理平台理念。云上贵州大数据管理平台的重要意义如下。

(1) 经济发展新动力。大数据是众多行业领域未来的绿色能源，正逐步成为继分布式计算、传统互联网技术之后信息技术领域的又一热潮。贵州省把握新机遇，努力探索发展经济社会各项事业的方法和路径，全面整合资源建设，合理规划产业发展布局，积极发展大数据等新兴产业，为经济发展增添动力。

(2) 有效提升贵州各级政府的管理和服务效率。通过大数据，推动全市数据资源整合和共享。整合不同部门、不同行业的数据分享和交互。实现多部门全方位数据的关联利用和分析，有利于构建全新的公共治理结构与公共服务体系。

(3) 有利于政府决策更加科学化、精细化。第一，大数据时代，人们可以通过网络参与到决策中来，这就有效拓展了政府决策的主体范围；第二，对大数据和动态数据信息的分析，有利于提高对政府决策对象的科学认知；第三，大数据的利用可以有效地降低决策成本；第四，大数据及其分析促进了政府决策的科学化[5]。

2.1.2　Google 大数据全生命周期管理案例

众所周知，Google 作为全球最知名的搜索引擎公司之一，需要处理海量的业务数据。这些数据以多种形式进行存储，如结构化文件、数据库、电子表格、图片、图表、视频、音频等。数据集通常驻留在不同的存储系统中，可能会因格式而异，可能会每天更改。

Google 的数据表数以亿计，为了管理这些数据表，Google 工程师构建了一个数据管理系统 Goods[6]，它会通过类似爬虫的方式定时从各个系统(Hive、Hbase、MySQL)中抓取元数据信息存入系统中，并记录表之间的依赖关系。

针对数据管理中的问题，Goods 系统重新组织规模化、结构化数据。Goods 提取元数据，从关于每个数据集(所有者、时间戳、模式)的显式信息到数据集之间的关系，如相似性和来源。然后，它通过允许工程师在公司内查找数据集的服务公开这些元数据，监视数据集，注释它们，以使其他人能够使用这些数据集，并分析它们之间的关系，以便抓取和推断数十亿个数据集的元数据，以维持元数据 Catalog 的一致性，并将元数据公开给用户。

如图 2-7 所示，Goods 系统从各种存储系统以及其他来源收集有关数据集的元数据的 "Goods 数据集" Catalog。通过处理其他来源，例如，数据集所有者及其项目的日志和信息，通过分析数据集的内容以及从 Goods 用户收集输入来推断元数据。Goods 系统使用 Catalog 中的信息来构建搜索、监视和可视化数据流的工具。

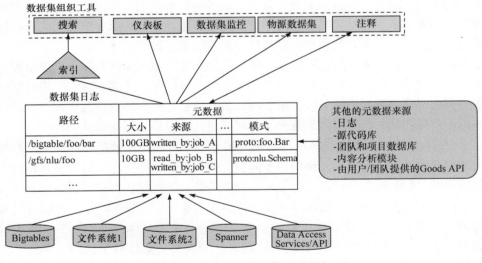

图 2-7　Google 数据管理系统

Goods 提供的另一个重要信息是数据集来源，即关于哪些数据集用于创建给定数据集(上游数据集)的信息以及依赖于它的数据集(下游数据集)的信息。其中，上游和下游数据集都可能由其他部门或团队创建。当某团队的工程师观察到数据集的问题时，Goods 可以对检查来源进行可视化，以确定某些上游数据集中的更改是否出现了问题。同样，如果团队即将对其管道进行重大改变，或发现其他团队已经消耗的现有数据集中存在错误，则可以快速通知受问题影响的人员。

从数据集消费者的角度而言，Goods 在公司的所有数据集上提供搜索引擎以及缩小搜索结果的方面，以查找最新的或潜在的重要数据集。Goods 为每个数据集提供一个配置文件页面，帮助不熟悉数据的用户了解其模式，并创建用于访问和查询数据的样板代码。配置文件页面还包含内容类似于当前数据集内容的数据集的信息。内容中相似性的信息可以实现数据集的新颖组合，例如，如果两个数据集共享主键列，则它们可以提供补充信息，因此是加入的良好候选者。

Goods 允许用户使用大量来源的元数据扩展 Catalog。例如，数据集所有者可以用描述来注释数据集，以帮助用户找出哪些数据集适合其使用(例如，某些数据集中使用哪些分析技术以及哪些陷阱需要注意)。数据集审核员可以标记包含敏感信息和警报的数据集所有者的数据集，或者提示进行审查，以确保数据处理得当。以这种方式，Goods 及其 Catalog 成为用户可以共享和交换关于生成的数据集的信息的中心。Goods 还暴露了一个 API，通过该 API，团队可以向 Catalog 提供元数据，以便团队自己不受限制地使用，并帮助其他团队和用户轻松了解其数据集。

Goods 系统在使用过程中解决了如下挑战，如图 2-8 所示，具体包括数据问题、使用问题和管理问题三个方面。

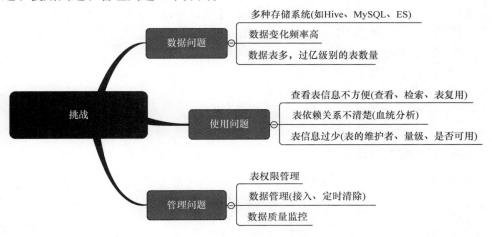

图 2-8　Google 数据管理挑战

Google 元数据管理系统的重要意义如下。

(1) 便于大数据应用维护。Google 每天都会产生海量的数据，包括结构化、半结构化和非结构化形式，如此众多的数据库、数据表需要定时或实时维护，如果没有元数据作为参考依据，那么数据的增删改操作就无迹可寻。如果有元数据作为数据的"目录"，就可以很方便地对数据进行维护。

(2) 利于数据标准化，减少数据不一致性问题。Google 面对如此海量的数据，难免会产生数据重复、不一致性和不可用等问题，Goods 是一种解决数据冗余和不一致性问题的系统。当定义好数据表的元数据后，也就意味着数据所有者、数据格式、数据类型等最基本的规范已经明确界定，对数据标准化和一致性具有限制作用。

2.1.3　京东金融大数据全生命周期管理案例

京东金融集团作为京东集团的重要分支，主要负责金融产品运营。金融商城已建立面向整个零售业务的数据仓库，整合了前台业务运营数据和后台管理数据，建立了面向零售的管理分析应用；已经开展了供应链金融、人人贷和保理等多种业务，积累了一定量的业务数据，同时业务人员从客户经理、风险评级和经验规模预测等方面，提出了大量分析预测需求，这些需求都需要借助大数据分析与挖掘，京东金融集团无可回避地要进行金融大数据全生命周期管理。

目前，京东金融集团面临如下难题：

(1) 商城数据仓库累积数据没有充分利用；
(2) 缺乏面向整个金融集团的统一、完整的数据视图；
(3) 缺乏支撑金融集团日常业务运转的风险评估体系；
(4) 缺乏金融集团客户 360°视图，无法实现客户行为分析和预测；
(5) 缺乏面向金融业务运营管理的关键绩效指标体系。

因此，京东金融集团关注的内容包括：

(1) 数据平台整体架构；
(2) 数据平台各层建设的标准；
(3) 较成熟的金融业数据模型；
(4) 数据质量治理；
(5) 元数据管理；
(6) 数据标准建设；
(7) 数据整合；
(8) 数据应用建设；
(9) 数据平台的软硬环境；
(10)数据共享和管控。

1. 整体架构

京东金融集团大数据平台通过数据平台和 BI 应用建设,搭建统一的大数据共享和分析平台，其金融数据与业务概要如图 2-9 所示[7]。该平台对各类业务进行前瞻性预测及分析，为集团各层次用户提供统一的决策分析支持，提升数据共享与流转能力。通过该数据平台实现数据集中，加强各部门之间的业务协作，促进相应的业务创新，提升建设效率，改善数据质量。

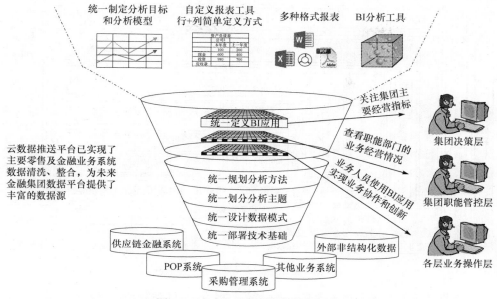

图 2-9　京东金融数据与业务概要图

京东金融大数据平台的整体架构如图 2-10[7]所示，分为数据产生层、数据交换层、数据计算层、数据应用层、用户访问层、流程调度层和数据管控层。数据产生层包括源数据内容和源数据增量。数据交换层包含 Hadoop 集群元数据区、数据平台临时数据区和 ETL(extract transform load)程序区。流程调度层则包括批量处理流程、实时数据处理流程和归档数据处理流程。数据计算层则是实时数据区、贴源数据区等各个数据区的内容。数据应用层包括各类如实时数据查询、历史数据查询的历史查询类应用和内部管理分析、业务沙盘演练、数据增值产品等管理分析类应用等相应的应用。用户访问层能够有多种展现形式，满足各层级用户及应用系统使用需求。

2. 京东金融大数据全生命周期管理架构

1) 数据创建

京东金融数据包括内部业务系统产生的结构化数据、企业内部非结构化数据和企业外部数据。内部业务系统产生的结构化数据主要包括商城日常零售业务处理过程中产生的结构化数据，存储在关系型数据库中的数据，如供应商信息、采购信息、商品信息、销售流水信息等；金融集团日常业务处理过程中产生的结构化数据，如客户信息、账户信息、金融产品信息和交易流水信息等。企业内部非结构化数据主要包含日常业务处理过程中产生的非结构化数据，如用户访问日志、用户投诉和用户点评等。企业外部数据以非结构化为主，主要包括国家政策法规、论坛等互联网信息、地理位置等移动信息、微博等社交媒体信息。

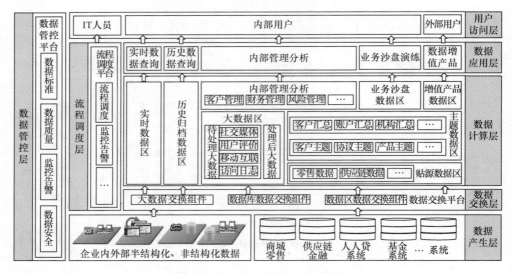

图 2-10　京东金融大数据平台整体架构

　　数据标准管理的目的是消除一数多义，提升数据完整性和一致性，逐步提高数据一致性和可用性，把标准化数据处理规则纳入管理流程中，进行数据标准的制定、发布、推广、监督等工作。京东金融数据标准概要设计图如图 2-11 所示。数据标准化可以分为以下几个部分：数据标准建立和维护、数据标准执行、数据标准管理的考评。

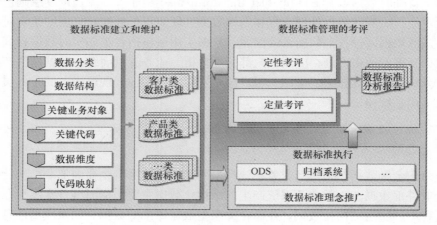

图 2-11　京东金融数据标准概要设计图

　　京东金融数据质量要求与考评概要图如图 2-12[7]所示，其中数据质量提升是改进数据质量的手段和数据质量考评的目的：根据业务要求制定和明确数据质量要求，同时需要符合数据标准的要求；数据质量考评，即对数据质量的量化评价。

制定数据质量问题解决方案，根据数据质量考评和日常工作中发现的数据质量问题，实施相应的措施，提升数据质量。

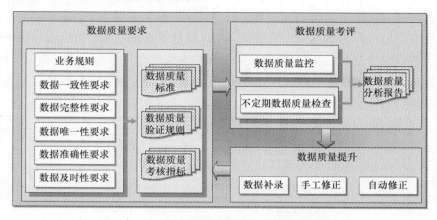

图 2-12　京东金融数据质量要求与考评概要图

京东金融元数据管理概要图如图 2-13 所示，包括以下内容。

(1) 业务元数据：面向业务人员，从业务术语、业务描述、业务指标和业务规则等几个方面对数据进行描述。

(2) 管理元数据：面向数据管理人员，从运维管理的角度描述数据处理、数据质量和数据安全的状态信息。

(3) 技术元数据：面向技术人员，从数据结构和数据处理细节方面对数据进行技术化描述。

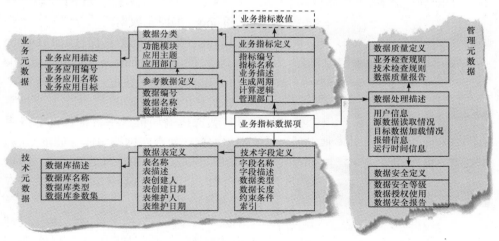

图 2-13　京东金融元数据管理概要图

2) 数据保护

京东金融大数据平台数据安全管理可分为数据安全分级管理和数据访问授权管理两个部分，如图 2-14 所示。其中数据安全分级为根据业务要求，制定一系列的数据安全分级标准和政策，为数据应用以及数据管理中实施数据安全保护和访问提供数据安全控制的基础。数据访问授权的主要工作是根据数据安全分级标准，定义数据访问的授权方法及流程，建立基于数据安全分级的数据使用授权机制，实现数据访问和信息披露的安全。

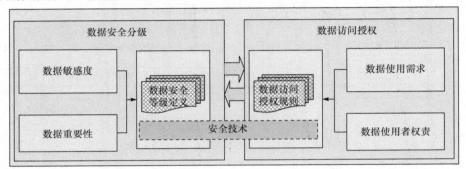

图 2-14　京东金融大数据平台数据保护架构图

3) 数据共享与管控

京东金融大数据中,数据交换层传输的设计就是保证数据在平台内高速流转，保证数据在交换过程中不失真、不丢失，保证数据交换过程安全可靠。

京东金融数据共享整体架构如图 2-15 所示。数据共享区包括如下内容。

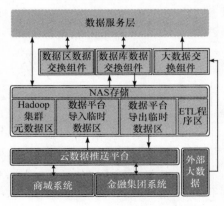

图 2-15　京东金融数据共享整体架构图

Hadoop 集群元数据区：存储数据平台各个 Hadoop 集群的元数据信息，如 Hadoop 分布式文件系统(Hadoop distributed file system, HDFS)系统元数据。

数据平台临时数据区：集团数据交换平台每日获取运输局推送平台提供的业务系统变化数据，暂存在网络附属存储(network attached storage, NAS)临时数据区，金融数据平台加工计算结果返回给业务系统，暂存在 NAS 临时数据区。

ETL 程序区：数据平台 ETL 加工处理程序(数据压缩、数据加载、各数据处理等)统一存储在 NAS 集群指定目录，各接口服务器通过文件系统 Link 建立映射。京东金融大数据 ETL 工具与所需功能概要图如图 2-16 所示。

京东金融大数据管控体系涵盖管控组织、评价与考核、管控流程、管控平台四个域，如图 2-17 所示。

4) 数据存储

京东金融大数据平台的数据存储可分为临时数据区、贴源数据区、大数据区、历史归档数据区、主题数据区、沙盘演练数据区、应用集市数据区、增值产品数据区和实时数据区，如图 2-18[7]所示。

处理对象	实现功能	实现技术	应用场景
● 企业内部非结构化、半结构化数据，如音频、视频、邮件、Office文档、抵押品扫描件等 ● 企业外部非结构化、半结构化数据，如微博、贴吧、论坛、用户点击流、用户移动位置等	● 组件以实时和批量两种模式实现下列功能： ❖ 数据采集 ❖ 数据传输到数据交换平台(接口服务器)NAS制定目录 ❖ 存储数据到数据平台大数据区指定HDFS目录	● 批量采集：大数据源以SFTP协议批量传输数据文件 ● 在线访问：开发Java或C应用，调用大数据源API，或以网络平台爬虫方式抓取源系统非结构化、半结构化数据	● 定时抽取用户访问日志，加载到数据平台大数据区HDFS指定目录，MR程序加工处理 ● 开发网络爬虫程序，扫描用户微博，抓取用户微博内容，社交圈信息，存入大数据区

处理对象	实现功能	实现技术	应用场景
● 企业内部业务系统产生的结构化数据，包括两大来源： ❖ 商城零售业务数据，数据存储在Oracle、SQL Server、MySQL和MongoDB四类数据库中 ❖ 金融集团互联网金融业务数据，数据存储在MySQL数据库中	● 组件以实时和批量模式实现下列功能： ❖ 数据采集，轮询NAS集群指定目录，获取数据文件(LZO压缩) ❖ 数据核查，对数据文件进行质量校验 ❖ 数据加载，加载数据到临时数据区	● Perl程序 ❖ 数据采集，调用Perl文件模块相关函数，轮询指定目录，获取数据文件 ❖ 数据核查，Perl执行文件级数据质量检查 ❖ 数据加载，调用Hive Load数据命令，加载到数据平台临时数据区Hive表	● 云数据推送平台连接供应链金融系统数据库，分析供应链金融MySQL数据库日志，识别增量数据，存储到金融平台NAS存储的指定目录，金融平台加载数据文件到数据平台临时区Hive表

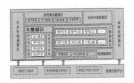  

处理对象	实现功能	实现技术	应用场景
● 数据平台计算层各数据区 ❖ 贴源数据区 ❖ 主题数据区 ❖ 应用集市数据区 ❖ 沙盘演练数据区 ❖ 大数据区 ❖ 历史归档数据区	● 组件以批量方式实现下列数据交换功能： ◇ 贴源数据区和主题数据区到应用集市数据区 ◇ 大数据区到主题数据区和应用集市数据区 ◇ 主题数据区、贴源数据区、应用集市数据区到沙盘演练数据区	● Sqoop实现应用集市数据区与数据平台其他Hadoop数据区的数据交换 ● Hadoop命令、Hive外部表、MR程序实现数据平台Hadoop数据区间的数据交换	● 数据集市的数据按照数据全生命周期规划，统一将过期数据归档到历史数据归档区

图 2-16 京东金融大数据 ETL 工具与所需功能概要图

实时数据区主要存储业务系统前日增量数据、缓存数据，用于支持后续 ELT 数据处理，为数据实时获取、实时分析提供数据服务。贴源数据区用于数据标准化，为后续主题模型、应用集市和沙盘演练提供数据。大数据区存储了企业内外部非结构化、半结构化数据。历史归档数据区存储其他各数据区的历史数据。主题数据区为业务系统历史明细数据，打破业务线条整合数据。沙盘演练数据区按沙盘演练需求，准备明细或汇总业务数据，为数据科学家的挖掘预测操作提供数据服务。

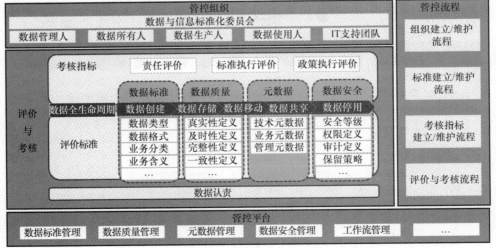

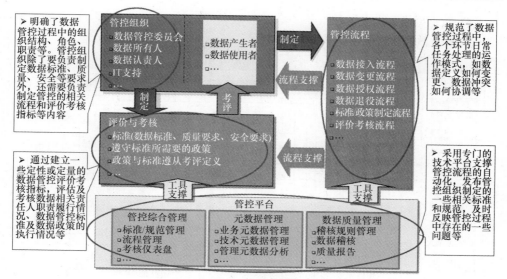

图 2-17　京东金融大数据管控整体架构图

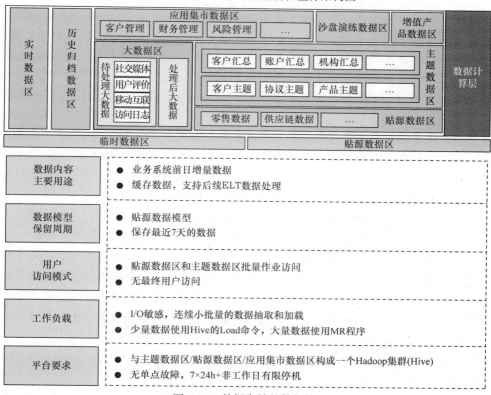

图 2-18　数据存储整体架构

5) 数据融合

京东金融大数据融合架构如图 2-19 所示。

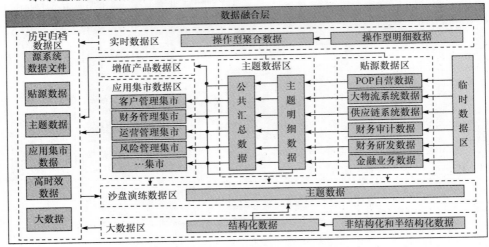

图 2-19　京东金融大数据融合架构图

6) 数据处理

京东金融集团依据不同的业务需求将数据分析分为离线批处理和在线实时处理两种工作模式，其中京东金融大数据离线批处理架构如图 2-20 所示。

批处理由流程调度层部署的自定义开发 WorkFlow 组件调度运行，整个流程主要完成如下工作。

(1) 获取业务系统结构化数据，存入临时数据区；

(2) 获取企业内外部非结构化数据，并进行结构化处理，存入主题或应用集市数据区；

(3) 按照贴源数据模型整合数据(标准化、数据更新/追加)；

(4) 按照主题数据模型整合数据并生成汇总；

(5) 数据加工计算后，结果交付到数据集市，支持分析类应用。

京东金融大数据除了具有大量的离线计算业务，还具有非常多的在线实时计算业务，如实时欺诈检测、金融走势分析和实时金融借贷审批业务等。这些业务需要京东金融大数据管理平台在秒级甚至毫秒级时间内给出计算结果，以供业务人员或者部门领导作为决策的依据。京东金融大数据管理平台为了能够满足实时高效的在线计算，设计并实现了如图 2-21 所示的大数据在线实时处理架构。

在线实时处理强调的是实时或准时获取并处理数据，通常采取消息队列等技术构建"数据流"，整个流程主要完成如下工作。

(1) 通过数据库数据交换组件获取增量数据，加载到实时数据区，减少数据访问时间；

(2) 通过大数据交换组件获取非结构化数据，并利用 Storm 处理数据，加载到实时数据区；

(3) 针对实时数据区数据执行标准化处理和贴源整合。

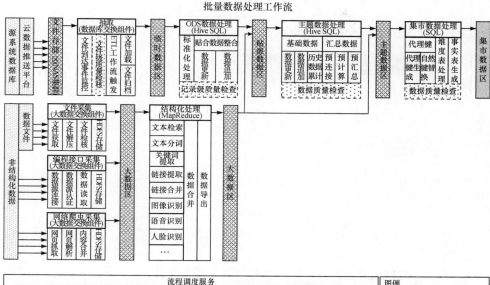

图 2-20　京东金融大数据离线批处理架构图

7) 可视化

数据可视化可以最直观地理解为利用图表、图片、视频等更直观的展现方式向用户展现复杂的数据分析结果。数据可视化技术可以使非专业数据分析人员轻松理解数据内涵，能够方便非技术用户，也能够了解数据所要传达的价值，例如，通过折线图能够清晰地描述一段时间内某只股票的价格走势，通过饼状图可以清晰地展示出每只股票的购买比例等信息。京东金融大数据可视化，主要使用了静态报表、仪表盘、Office 组件、Web 页面等形式展示。

8) 数据归档

京东金融大数据平台数据交换层中的数据区交换组件会根据数据集市的数据按照生命周期规划，统一将过期数据归档到历史归档数据区，数据归档架构图如

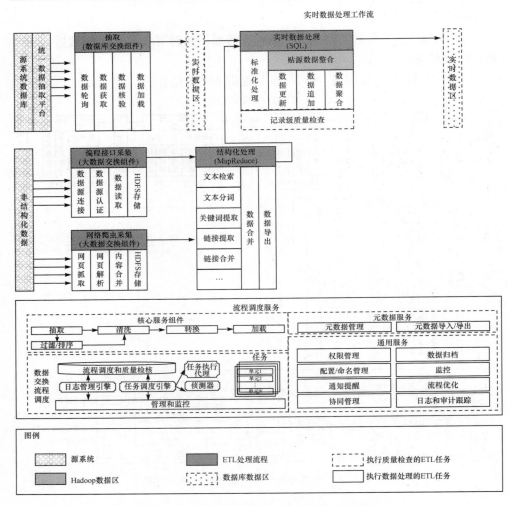

图 2-21　京东金融大数据在线实时处理架构图

图 2-22 所示。数据归档的对象包括数据文件、贴源数据区数据、主题数据区数据、大数据区数据和应用集市数据区数据。数据按照生命周期规划存储到归档区 Hadoop 集群，归档后原数据区删除此数据。

　　整个流程主要完成以下工作：

　　(1) 数据文件通过 HDFS 命令行 Copyfromlocal 进行归档；

　　(2) 贴源数据区、主题数据区和大数据区通过 HDFS 命令行 Distcp 或自动以开发的 MR 程序执行归档；

　　(3) 应用集市数据区通过 Sqoop 或数据库提供的 Hadoop 集成技术(如外部表)执行归档。

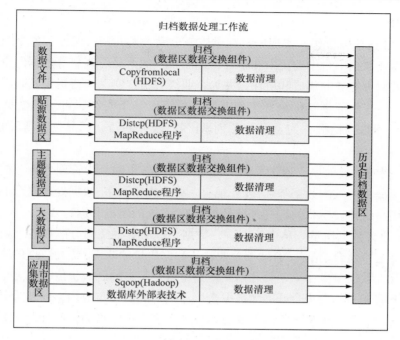

图 2-22 京东金融大数据归档架构图

3. 业务应用示例

京东金融大数据平台将应用置于数据应用层中，包括管理分析类应用、数据增值类产品、沙盘演练类应用、历史查询类应用和高时效类分析应用。其中管理分析类应用主要实现了集团客户管理、运营管理、财务管理、风险管理、监管信息披露五大分析体系功能。通过数据增值类产品，金融集团数据科学家根据自己对业务需求的理解或者对市场的判断，设计并运行模型，发掘数据价值，并封装成商业产品。沙盘演练类应用主要用于业务人员根据业务需求或自己对业务的理解，设计计算模型，准备各类明细或汇总数据，导入模型运算，验证业务结果。历史查询类应用为针对公检法查询需求、内外部审计需求和最终用户的历史交易查询需求，以贴源存储的归档数据为基础，实现查询类应用。高时效类分析应用针对当前业务的发生(如用户交易、用户访问日志)，为客户经理等最终业务人员进行实时查询、分析的应用。

京东金融集团采用大数据全生命周期管理取得的收益如下：

(1) 实现数据共享。通过数据平台实现数据集中，确保金融集团各级部门均可在保证数据隐私和安全的前提下使用数据，充分发挥数据作为企业重要资产的业务价值。

(2) 加强业务合作。实现分散在供应链金融、人人贷、保理等各个业务系统中的数据在数据平台中的集中和整合，建立单一的产品、客户等数据的企业级视图，有效促进业务的集成和协作，并为企业级分析、交叉销售提供基础。

(3) 促进业务创新。金融集团业务人员可以基于明细、可信的数据，进行多维分析和数据挖掘，为金融业务创新(客户服务创新、产品创新等)创造了有利条件。

(4) 提升建设效率。通过数据平台对数据进行集中，为管理分析、挖掘预测类等系统提供一致的数据基础，改变现有系统数据来源多、数据处理复杂的现状，实现应用系统建设模式的转变，提升相关 IT 系统的建设和运行效率。

(5) 改善数据质量。从中长期看，数据仓库对金融集团分散在各个业务系统中的数据进行整合、清洗，有助于企业整体数据质量的改善，提高数据的实用性。

纵观大数据全生命周期管理给其他典型行业带来的巨大价值，电力企业完全有条件、有能力、有机会开展大数据全生命周期的研究与应用，以期为公司创造更大的价值，为人民带来更多的实惠，为社会带来更合理的资源分配，为国家大数据战略添砖加瓦。

2.2　电力大数据全生命周期管理内涵

智能电网建设进程的不断推进，促进了电力各部门、用电企业、个人用户等不同群体的交互，特别是智能电力设备和终端的使用产生了海量的电力大数据。这些海量数据具有不同的价值密度和隐含知识，如何在不同数据存储周期内对数据进行高效管理以及如何选择合适的管理技术是公司必须思考和解决的难题之一。本节主要介绍大数据全生命周期管理建设原则与目标；重点从电力大数据全生命周期管理的顶层设计出发，结合公司业务实际需求，对电力大数据全生命周期管理框架进行设计，以期以数据管理框架为基础，探究在数据全生命周期管理过程中可能遇到的问题并提供相应的解决方案。

2.2.1　数据资产类别

数据资产[8]指被企业拥有和控制，能为企业带来价值的数据。数据资产管理是为了提升企业对数据的运用和价值挖掘能力而进行的一系列活动，解决如何提升数据质量，如何快速识别数据，如何高效、便捷地利用数据，进而为企业带来更多价值的问题。

数据资产包括主数据、业务数据和元数据，是数据资产管理的对象。主数据是用于定义业务实体，并且在企业范围内跨业务重用和共享的数据，如物料、设备、财务科目等。业务数据指围绕业务实体发生的企业经营活动相关的数据。元数据用于描述主数据和业务数据的数据库表、表间关系及运行信息。主数据、业务数据和元数据的关系示例如图 2-23 所示。

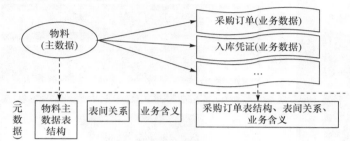

图 2-23　电力大数据资产类别关系

数据资产管理在大数据技术体系中介于应用和底层平台之间，数据资产管理包括两个重要方面：一是数据资产管理的核心活动职能；二是确保这些活动职能落地实施的保障措施，包括组织架构、制度体系。数据资产管理在大数据应用体系中，处于承上启下的重要地位。对上支持以价值挖掘为导向的数据应用开发，对下依托大数据平台实现数据全生命周期的管理。

2.2.2　数据资产管理内容

目前，数据资产管理已经形成了一套科学的管理范畴，数据资产管理体系架构如图 2-24 所示[8]。根据国际数据管理协会等机构的总结，数据资产管理主要包含 9 个活动职能和 2 个保障措施。9 个活动职能指的是数据标准管理、数据模型管理、元数据管理、主数据管理、数据质量管理、数据生命周期管理、数据安全管理、数据资产价值评估和数据运营管理，2 个保障措施包括组织架构和制度体系。

图 2-24　数据资产管理体系架构

　　数据资产管理工作以主数据管理、元数据管理、数据质量管理和数据运营管理为核心,以数据资产管理组织机构为运作载体,以数据资产管理规章制度为保障,依托企业级数据中心建设,通过必要的信息化支撑手段,实现数据资产的规范化、标准化、可视化管理,电力大数据资产组织结构如图 2-25 所示。

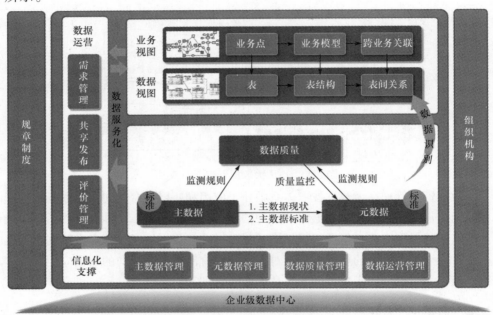

图 2-25　电力大数据资产组织结构

　　(1) 主数据管理:主数据是跨业务、跨系统融合的重要业务基础数据,主数据管理架构如图 2-26 所示。主数据管理的是各系统间共享的重要业务基础数据。主数据管理作为数据管理的高级形式,通过建立企业级主数据管理体系、主数据标准,实现主数据的共享与同步,满足跨业务数据融合的需求;主数据管理是指一整套用于生成和维护企业主数据的规范、技术和方案,以保证主数据的完整性、一致性和准确性。

　　(2) 元数据管理:是数据资产管理各项工作的主要核心,是主数据管理的基础组成,也是数据标准实施的载体。通过梳理元数据管理对象、建立企业级元数据管理体系和元数据标准,构建企业级数据资产视图,实现由业务到数据的贯穿。

　　(3) 数据质量管理:是数据资产管理的质量保障,通过建立企业级数据质量管理规范、数据质量闭环管控机制和考核评估体系,保障数据资产价值变现。

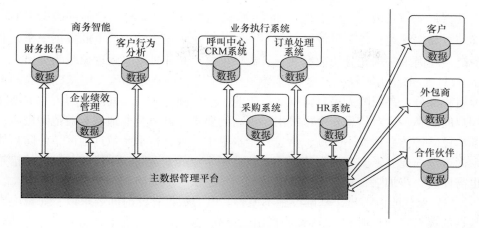

图 2-26　主数据管理架构

(4) 数据运营管理：是数据资产管理的对外窗口，通过规范数据需求管理、服务共享发布和服务质量评估，促进数据资产流动，激活数据资产价值。

(5) 规章制度：是数据资产管理的保障，通过建立企业级数据资产管理制度保障体系，推动数据资产管理工作规范化、常态化的开展。

(6) 组织机构：是数据资产管理的组织保障，通过公司主要领导挂帅，挑选技术过硬、业务精通的业务骨干，组建实体化的企业级数据资产管理组织，支撑数据资产管理工作常态化运转。

(7) 信息化支撑：信息化建设是数据资产管理的技术支撑，必要的数据资产管理辅助支撑功能或平台，是数据资产管理工作顺利、高效、精准开展的保障。

2.3　数据全生命周期管理现状

2.3.1　数据现状

(1) 数据质量低，管控能力差。数据质量的好坏、数据管控能力的强弱直接影响了数据分析的准确性和实时性。目前，电力行业数据在可获取的颗粒程度，数据获取的及时性、完整性、一致性等方面的表现均不尽如人意，数据源的唯一性、及时性和准确性急需提升，部分数据尚需要手动输入，采集效率和准确度还有所欠缺，公司缺乏完整的数据管控策略、组织以及管控流程[9]。

(2) 数据共享不畅，集成程度欠缺。基于大数据技术的本质是从关联复杂的数据中挖掘知识，提升数据价值，反映业务、类型的数据即使体量再大，如果缺乏共享集成，其价值也会大打折扣[9]。目前电力行业缺乏行业层面的数据模型定义与主数据管理，各单位数据口径不一致。行业中存在较为严重的数据壁垒，业务链条间尚未实现充分的数据共享，数据重复存储并且不一致现象较为突出。

(3) 防御能力不足，安全威胁严重。由于电力设施是国家关键基础设施的重要组成部分，是保障人民日常生活、工业生产的能力源泉，同时电力大数据涉及用户的隐私，这对信息安全也提出了更高的要求。电力企业地域覆盖范围极广，各单位防护体系建设不平衡，信息安全水平不一致，特别是偏远地区单位防护体系尚未全面建立，安全性有待提高。行业中企业的安全防护手段和关键防护措施也需要进一步加强，从目前的被动防御向多层次、主动防御转变。

(4) 承载能力不足，基础设施不完善。电力数据存储时间要求以及海量电力数据的爆发式增长对 IT 基础设施提出了更高的要求[9]。目前电力企业虽大多数已经建成一体化企业级信息集成平台，能够满足日常业务的处理要求，但其信息网络传输能力、数据存储能力、数据处理能力、数据交换能力和数据展现能力都无法满足电力大数据的要求，尚需进一步加强。

2.3.2　技术现状

在大数据挖掘方面，电力企业目前虽然开展了一些探索研究工作，但仍处于起步阶段，公司在大数据挖掘方面面临如下技术现状。

(1) 数据质量差，数据统一接入能力有限，缺乏有效的集成融合方法。

(2) 数据体量大，现有的大数据平台存储容量和处理能力有限，不能有效满足海量数据的实时存储、分布式存储和多类型存储及快速检索查询等操作。

(3) 在线计算能力有限：数据中心对于大数量、高频度业务数据的运算与分析能力不足，目前还存在较大部分的指标监测数据是由各专业系统计算完成后再统一对外提供，跨专业、跨平台数据的在线计算能力较弱、业务明细穿透溯源能力欠缺。例如，指标数据较多不能进行追溯，无法查看支撑该指标结果信息的明细层数据，导致用户难以穿透至具体业务数据开展详细、系统的分析。

(4) 分析挖掘能力欠缺：目前公司以小批量、小范围、单一结构为主的数据处理分析为主，分析方法较简单，在数据价值挖掘分析上效果还不明显，基于海量、全范围、多类型数据的处理与分析能力不足，难以支撑大规模海量数据的实时同步、实时存储、实时处理、实时共享和实时反馈，难以快速地从海量、多样的数据中发现隐藏在数据中有价值的信息。

(5) 非结构化数据处理能力不足：随着语言服务、视频监控等新兴技术的不断普及，运营中心积累了大量音频、视频等非结构化数据，这些非结构化数据隐含着大量的用户行为、用户满意度等重要信息。在视频监控、频繁停电等专题监测过程中，发现公司拥有大量非结构化的数据资产可用于丰富监测工作，但是由于目前公司大数据技术处于试点研究阶段，未进行相关应用的推广，所以非结构化数据利用率低，难以发挥价值。

(6) 可视化展现支持能力：缺乏可灵活配置、表现方式多样、直观高效的可视化展现能力，展示组件需要借助专业技术人员运用复杂的编程实现，缺乏统一的展示场景管理和维护。

2.3.3　应用现状

(1) 对大数据挖掘的研究主要集中在平台技术等方面，针对数据挖掘分析应用较少。

(2) 主要以业务指标、专业条件的非实时性业务监测分析为主，基于明细数据、跨专业的宏观性和实时性的监测分析正在逐渐增多。

(3) 主要以简单的数据统计方法开展监测分析，对基于聚类、关联和回归等复杂的数据分析挖掘算法的应用较少。

(4) 指标在线监测基本实现，但分析工作主要靠离线开展，对数据价值的挖掘以 Excel、Tableau 等初级数据分析工具应用为主，SAS、SPSS、MATLAB 等专业数据挖掘分析工具的应用较少。

(5) 主要通过下发异动工单的形式处理监测分析发现的异动，基层单位手工反馈原因和整改情况，缺乏系统性分层分级的协调控制机制，不利于专业普遍性问题或跨专业问题的解决。

2.4　数据全生命周期管理问题与挑战

(1) 数据质量问题。数据质量好坏直接影响数据分析的准确性和实时性。目前，电力行业数据获取的及时性、完整性、一致性方面表现得不尽如人意，数据源的完整性、及时性和准确性急需提升,同一实体不同字段名称的情况时有发生，这给数据集成带来了很多不便。

(2) 数据存储问题。随着智能电网建设的不断深入，海量数据被生产出来，这些数据不仅体量大，而且来源不同，具有数据多样性特点。所谓多样性，一是指数据结构化程度，二是指存储格式，三是指存储介质。大数据存储的难点不仅仅在于数据存储规模大，更在于存储的数据要能够在限定的时间延迟内被访问到。

(3) 数据访问问题。由于数据量巨大，如何在允许的时间延迟内得到需要的数据是大数据处理过程的一个难题。当数据量级达到一定级别后，即使最简单的结构化数据查询也需要耗费很多时间；非结构化数据查询通常需要使用 Solr 或 Elasticsearch 引擎进行管理，但是数据量过大时会产生规模巨大的索引表，使查询速度大大降低。

(4) 数据分析问题。由于电力系统的数据规模巨大，单机方式已经不能处理如此大规模的数据，所以大数据处理必须借助分布式集群，而高性能计算和一致性问题是不可回避的难题，同时，需要设计和实现基于分布式集群的分析算法，这些都是大数据分析必须面对的难题。

(5) 数据可视化问题。数据是大数据可视化的基础，电力数据类型繁多，有文本数据、数值数据、图像数据及视频数据等，如何处理这些异构数据并使用有效的可视化工具将其展现具有一定的难度。

目前，公司仅对数据进行简单的统计分析，缺少深层次的挖掘分析，还未能普及机器学习、深度学习等技术；同时，针对大数据量的在线分析性能还有待提高。

2.5　数据全生命周期管理建设原则与目标

2.5.1　数据全生命周期管理建设原则

数据全生命周期管理是信息建设的重要组成部分，信息系统是生产和制造数据的平台，数据依托信息系统，经历数据创建、保护、访问、迁移、归档、销毁等过程。

为加强数据管理，提高数据使用质量，电力企业成立数据资产管理部门，主要负责数据全生命周期管理阶段的各项事务，其基本原则包含以下三个方面。

(1) 信息整合，互通互联。统筹规划各部门各种业务数据在采集、存储、访问、使用、归档、销毁方面的规范性，特别是对涉及多个部门需要共享的数据制定统一的采集与存储标准；根据访问频次和数据重要程度，实现数据分级存储，同时，制定规范的数据集成和访问策略，保证公司内部数据能够高效整合，使公司各部门相关数据能够互通互联。

(2) 实时感知，动态跟踪。依靠海量的业务数据，利用大数据分析技术对各业务的实时运行情况进行动态跟踪，实时感知电网系统的运行状态是否存在异常，并能够根据当前数据和状态，预测短期内系统的运行状态和可能存在的风险。

(3) 智能分析，科学管理。融合多个部门多种业务数据，通过关联规则挖掘分析各业务之间的关联关系，协同业务链条式交互发展；以数据分析为依据，检测各部门的运营情况是否合理，对不合理的业务流程给予规整修改意见；通过集成多部门业务数据，深入挖掘潜在的业务模式和商业价值。

2.5.2　数据全生命周期管理目标

数据资产管理归口部门负责数据资产的统一规范管理，组织制定公司数据资产发展战略，审核专业数据资产发展规划，组织大数据挖掘和大数据关键技术研究，其主要目标可以概括为以下五个方面。

1. 用数据感知

指数感知：各部门依据各自业务的重要程度和安全等级，制定合理的评估指数，利用大数据分析技术，实时计算业务指数阈值，如果监控指数超过警戒阈值，则发出警报，以便及时处理电网生产过程或企业管理过程中的不安全因素。

态势感知：电网态势感知主要是依据海量数据分析来准确了解与掌握电网的安全态势和短期的状态转变趋势，从而采取科学的方式进行管理，以提高电网运行的安全等级。电网态势感知是掌握电网运行轨迹的关键技术，了解电网的实际运行状况，一旦电网运行中发生故障等不良现象，能够第一时间采取有效措施加以防御。

画像感知：通过搜集的内外部数据，经过数据融合后可以从中提取出用户画像、企业画像、设备画像等，这些画像可以用于精细化的业务处理，例如，根据企业画像，可以了解这个企业的主要业务、用电需求及特点，针对不同的需求和特点进行精准业务推荐。

2. 用数据说话

数据是电力企业运营的主要资产之一，是业务运行的直接产物，数据是各项业务的真实写照。通过对各业务部门的历史数据进行统计分析，可以了解一个部门的实际运营情况，通过对业务运行流程的监控，能够发现业务执行过程中存在的问题，所有的论断都应该归结到数据分析结果上，让数据成为评判的标准。

3. 用数据决策

数据具有真实性和客观性特点，与人类主观性相比，通过大数据分析的辅助决策比人类主观决策更科学。例如，电动汽车充电桩建设，结合交通管理部门的电动汽车行驶轨迹和某片区的电动汽车分布，可以通过数据分析给充电桩建设选址提供辅助决策支持，这样可以大大减少人的主观性带来的误差。

4. 用数据管理

结合多个部门相关的业务数据，联动分析某些业务执行流程存在的弊端，提出整改意见，优化业务流程，通过集成多部门业务数据分析实现对人员、设备、业务流程和系统的智能精细化管理。实现公司以数据为依据、以分析挖掘为手段的智能管理。

5. 用数据创新

海量的多源数据中，往往隐藏着人类不易直接发现的知识和价值，通过数据融合与集成技术，将公司不同部门的数据融合之后，使用多种大数据处理手段对这些融合后的数据进行深入分析与挖掘，可能会发现更加节约成本的新模式和新业务。

2.6　电力大数据全生命周期管理体系架构

依据电力企业现有的数据现状、技术现状和应用现状，结合电力大数据全生命周期管理建设原则和目标，并考虑现在和未来的业务需求，设计了如图 2-27 所示的电力大数据全生命周期管理体系架构。

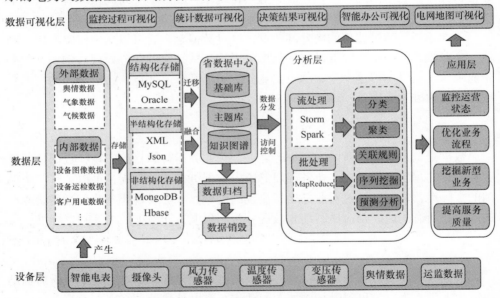

图 2-27　电力大数据全生命周期管理体系架构

该体系架构主要包含数据采集、数据存储和融合、数据保护、数据访问管理、数据分析与决策、数据迁移、数据归档、数据销毁、数据可视化等不同周期内的数据管理工作，各周期内的主要职责描述如下。

1. 数据采集

目前，电力系统数据不仅包括电力系统内部各类传感器、智能电表、历史运营日志等内部数据，还包括诸如气象数据、气候数据、舆情数据等外部数据。电力系统内部数据通过设定采集序列，直接使用已经部署完善的智能电表和各类传感器搜集即可。不同行业的数据接入电力系统，需要针对互通的行业规范和实际业务场景制定不同的接入策略，以便最大限度地保证数据接入的可用性和易用性。

2. 数据存储和融合

由于电力系统数据来源广、结构杂、体量大、信息价值不均等特点，系统考虑访问频度和数据结构两个层面，对数据进行合理存储。

依据访问频度不同，将数据存储分为在线存储、近线存储和离线存储三种级别，每个级别对应不同性能的存储介质，实现存储价值最大化。其中，在线存储级别存储最频繁访问的核心业务数据，使用性能最好的磁盘阵列进行数据存储；近线存储级别存储偶尔被访问的数据，使用性能稍差的磁盘进行存储；而离线存储方式主要存储不被访问而又不能销毁的数据，使用性能最差的光盘存储。

依据数据结构不同，将数据分为结构化数据、半结构化数据和非结构化数据，三种结构对应了不同的存储技术和数据库。其中，结构化数据是最好访问和管理的数据，其管理技术相对成熟，常见的结构化存储数据库有 MySQL、SQL Sever、Oracle 等；半结构化数据通常使用 XML、Json 等进行存储，在 Hadoop 平台中，可以将半结构化数据以文件的形式存储在 HDFS 中；对于非结构化数据通常存储在 Hbase、MongoDB 等数据库中，若是图数据，则最好选择 Neo4j 存储。

3. 数据保护

电力大数据来源广、种类多、类型杂，在使用过程中面临非常大的安全问题，无论保护数据创建后不被篡改，还是数据传输都需要数据保护机制，全面评估关键数据可能暴露的威胁，有针对性地制定各阶段防护策略，确保核心数据资产安全。转移数据防护重心，由"基础防护"向"精准防护"合理转变，解决价值数据安全"看不见、看不准、看不实"的问题。通过大数据安全审计技术使价值数据可视、可控，全面实现对数据库(如 Hadoop 架构下 Hbase 数据库)的各类操作行为进行安全监控，支持对各类访问接口及对各类工具组件的安全监控与防护。通过审计日志记录平台中的所有数据操作，HDFS、MapReduce、Hive、Hbase 等 Hadoop 生态常用组件均可通过配置开启审计日志功能，记录用户的访问行为和管理组件的安全交互行为。

4. 数据访问管理

电力数据包含负荷控制与管理系统、配电自动化系统、用户用电信息采集系统、营销业务管理系统等配电网内部系统数据，也包括地理信息、社会经济、气象环境等外部相关系统数据，数据呈现出来源广、体量大、类型多、增长快等特征。如何从海量数据中快速检索到有用信息一直是大数据处理的痛点，常见的访问方式可以根据不同的访问频率把数据访问分为三个管理阶段，对三个管理阶段分别采取不同的存储方式和访问方式。

(1) 在线访问方式[10]：主要存储需要对数据实时地处理和查询的数据，该类数据具有最高的数据价值，因此需要存储在计算性能最高的存储设备中，一般采用性能较高的存储介质，并采取磁盘冗余技术进行数据保护。

(2) 近线访问方式[11]：数据已经不再被频繁存储和访问，但仍需不定时访问，只是访问的频度相对降低，为使计算及存储资源最优地支持在线业务活动，宜将访问频度相对较低的数据迁移至近线存储进行管理，从而使在线数据的处理获得最佳性能效果。

(3) 离线访问方式[12]：是指业务人员不在业务经营活动中查询和使用，但因政策和制度需要长久保留，或是用于数据挖掘和知识发现需要保留，这样的数据通过备份软件从近线存储设备迁移至磁盘库或光盘库中，或通过数据交换平台传送到数据仓库中进行长期保留。

5. 数据分析与决策

杂乱无章的 raw 数据没有价值，只有经过统计、分析、挖掘，从杂乱无章的数据中发现新问题、新知识、新模式，才能说数据具有巨大价值。

数据分析是以数据为依据，使用统计知识、机器学习、深度学习等技术，从数据中发现新问题、挖掘新知识、扩展新业务，为决策提供一定数据支撑的活动。公司在做决策之前可以通过数据分析，让数据"说话"，用客观数据减少人的主观偏见。依据公司业务需求和实际硬件条件，公司选用 Kappa 数据分析架构进行数据分析处理。

6. 数据迁移

通过对电力业务系统中数据和应用的分析，可以发现不同的业务数据通常具有不同的使用价值。近期被创建的数据通常会被频繁访问，其对应的数据价值也更高，随着时间的不断推移，这部分数据的使用频率会不断下降，这种信息所携带的价值也会逐渐降低。如果大量价值密度低的数据占用高性能存储资源，就会严重影响系统性能。因此，我们应该根据数据的价值，进行数据分级管理，在数据的不同阶段采用不同的存储和处理技术，采用不同的存储和管理策略，以更加经济、可靠的方式发挥数据的最大商业价值，使电网公司 IT 的总体拥有成本(total cost of ownership, TCO)相对较低，按照数据的生命周期对其迁移和管理，实现各个阶段的技术成本与价值之比达到最优，节约企业的 IT 接入成本。

数据迁移是实现节点动态扩展与弹性负载均衡的关键技术，如何降低迁移开销是我们必须要考虑的问题。依据不同的访问频次和业务重要程度采取不同的迁移策略。

直观地比喻而言，数据的生命指数在不断地降低，可以量化地设置 3 个阈值 α_1、α_2、α_3，分别作为数据从在线转为近线，从近线转为离线，从离线转为销毁的标志。为了定量描述数据所处的阶段及其使用价值，引进数据生命指数来准确定义数据的使用价值及所处阶段，f 为数据访问频度，x 为 IT 资源的支撑度，y 为数据生命指数，其关联函数为

$$\gamma_t = f(x_t, y_t) \tag{2-1}$$

其中，t 为时间。在数据的产生并被频繁访问时期，γ 大于等于 α_1，也就是数据处于在线阶段，在线管理的数据存储在性能最好的磁盘阵列中。随着时间的推移，x 会不断减小，y 也随之减小。当 γ 减小到 α_1 时，数据从在线管理阶段进入近线管理阶段，相关数据会被迁移到性能稍差的磁盘中保存。当 γ 减小到 α_2 时，数据从在线管理阶段进入近线管理阶段，相关数据会被迁移到性能稍差的磁盘中保存，直到 γ 减小到 α_3 时，数据进入销毁状态。如果在一个阶段，IT 资源的能力获得提升，γ 同样会受到关联影响，因此，可以考虑在函数中增加 IT 资源来支撑调整因子 δ。最终，数据全生命周期指数具体如下：

$$\gamma_t = f(x_t, y_t) = \min\left[1, \left(1 + \frac{x_t - x_{t-1}}{x_0}\right)(y_{t-1} + \delta_t)\right] \tag{2-2}$$

数据迁移包括迁移计划制定、路由信息同步、用户请求转发及数据一致性管理等核心内容，数据迁移过程中伴随的大量状态同步会给系统性能带来一定影响。因此，如何降低迁移开销是我们需要着力解决的问题。

7. 数据归档

数据归档的主要工作是把价值低的数据移到一个单独的存储设备来进行长期保存的过程。数据归档分为定期数据归档和不定期数据归档。

(1) 定期数据归档。该类数据归档的数据对象，主要为电网企业长期积累的业务数据，由于每日数据量不断增加，需要对该类数据进行定期定时的数据归档操作。

(2) 不定期数据归档。该类数据归档的对象主要为电网企业应用系统中数据量较大的数据，或使用非常频繁的数据，采取不定期的集中数据归档，保证对系统及应用资源的影响最小。

8. 数据销毁

随着时间的推移，部分数据可能已经失去了使用和保存价值，为了节省存储

成本和符合归档要求，应该按照公司相关规定对待销毁数据进行彻底销毁。数据销毁是指将存储介质中的数据彻底删除，必要时销毁存储介质，避免非法分子利用存储介质中残留的数据信息恢复原始数据信息，从而达到保护敏感数据的目的。各部门需要使用公司统一的销毁工具对数据进行销毁。

9. 数据可视化

数据可视化是将大数据分析结果以清晰明了的图形、图表展示出来的技术，主要对统计数据、决策数据、监控数据和全景数据进行可视化。统计数据可视化主要展现公司各部门业务的简单统计数据，如每季度的电量销售情况；决策数据可视化主要展示经大数据分析后的计算结果，例如，预测未来一段时间的电网负荷趋势。监控数据可视化主要是实时以大屏形式展示电网系统的运行状态是否安全，如显示是否有异常断电。全景数据展示主要是展示所有电力系统、设施的全景分布与运行状况，如显示所有变电站运行情况等。

第 3 章 电力大数据采集

电力智能设备的普及使用，为电力大数据实时采集带来方便的同时，给电力企业带来了数据体量不断增大的困扰，如此海量的异构数据给数据采集带来了一定的挑战，本章首先介绍电力大数据的主要来源及特点，然后针对电力系统特定场景，提出了电力系统大数据采集系统架构。

3.1 电力大数据的主要来源及特点

随着智能电网建设的不断推进和电网业务与其他行业的不断融合，广义的电力数据不再局限于电力系统内部产生的数据，它往往包含了其他相关行业支撑电力系统运行的外部数据，目前，电力大数据主要包含如电流、电压、线损、电网拓扑、变相、各类传感器数据等电力内部数据，还包括气象数据、气候数据、舆情数据等诸多外部数据，电力大数据来源如图 3-1 所示。

智能电表读数

设备图像数据

设备运行监测历史

客户用电信息

动态事件

客户情感信息

客户服务数据(文本+语音)

地理空间信息

电网拓扑

外部环境信息(气象、气候)

图 3-1 电力大数据来源

电力大数据的特征可以概括为"3V"和"3E"[9]，其中"3V"分别是体量(Volume)大、类型(Variety)多和速度(Velocity)快，"3E"分别是数据即能量(Energy)、数据即交互(Exchange)、数据即共情(Empathy)，图 3-2 展示了电力大数据的特点。

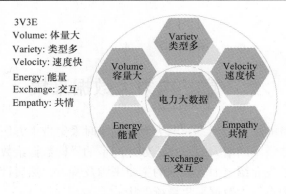

图 3-2　电力大数据的特点

数据来源：中国电机工程学会，2013-1

体量大：是电力大数据的重要特征，随着电力企业信息化快速建设和智能电力系统的全面建成，电力大数据的增长速度将远远超出电力企业的预期。以发电侧为例，电力生产自动化控制程度提高，对压力、流量和温度等指标的监测进度、拼读和准确度更高，给海量数据采集处理提出了更高的要求。

类型多：电力大数据涉及多种类型的数据，包括结构化数据、半结构化数据和非结构化数据。随着电力行业中多媒体技术应用的不断推广，音频、视频、图片等非结构化数据在电力大数据中的占比会进一步加大。此外，电力大数据应用过程中还存在着对行业内外能源数据、天气数据等多源数据融合分析的需求，而这些都直接导致电力大数据类型增加，从而极大地增加电力大数据的复杂度。

速度快：主要指对电力大数据采集、处理、分析的速度。鉴于电力系统中业务对处理时限的要求较高，以 "1s" 为目标的实时处理是电力大数据的重要特征，这也是电力大数据与传统的批量处理的最大区别。

数据即能量：电力大数据具有无磨损、无消耗、无污染、易传输的特性，并可在使用过程中不断精炼而增值，可以在保障电力用户利益的前提下，在电力系统各个环节的低耗能、可持续发展方面发挥独特而巨大的作用。通过节约能源来提供能量，具有与生俱来的绿色性。电力大数据应用的过程，即电力大数据能量释放的过程。从某种意义上来讲，通过电力大数据分析达到节能的目的，就是对能源基础设施最大的投资。

数据即交互：电力大数据与国民经济社会紧密联系，具有无与伦比的正外部性。其价值不只局限在电力工业内部，更能体现在整个国民经济运行、社会进步以及各行各业创新发展等方方面面，而其发挥更大价值的前提和关键是电力大数据同行业外数据的交互融合，以及在此基础上全方位的挖掘、分析和展现。这也能有效地改善当前电力行业 "重发轻供不管用" 的行业短板，真正体现出 "反馈经济" 所带来的价值增长。

数据即共情：企业的根本目的在于创造客户、创造需求。电力大数据天然联系千家万户、厂矿企业，推动中国电力工业由"以电力生产为中心"向"以客户为中心"转变，通过对电力用户需求的充分挖掘和满足，建立联系纽带，为广大电力用户提供更加优质、安全、可靠的电力服务。在电力行业价值贡献过程中，中国的电力工业也找到了常变常新的动力源泉，共情方能共赢。

3.2　电力大数据采集系统架构

电力大数据体量大、类型多、维度广、数据结构繁杂，在数据采集、存储、分析等操作中都要保证数据质量，切实从数据的完整性、规范性、一致性、准确性和唯一性等方面保证数据的可用、可交换和可维护，切实保证各部门的关联数据能够有效流通，发挥数据的最大价值。

3.2.1　数据质量

数据质量直接影响大数据分析结果，所以提高数据质量是提高数据分析准确度的重要一步，数据质量的衡量标准可以从以下几个方面进行权衡。

(1) 完整性(completeness)：用于检查电力大数据中哪些数据丢失或者哪些数据不可用。

(2) 规范性(conformity)：用于度量哪些数据未按统一格式存储。

(3) 一致性(consistency)：用于度量哪些数据的值在信息含义上是冲突的。

(4) 准确性(accuracy)：用于度量哪些数据和信息是不正确的，或者数据是超期的。

(5) 唯一性(uniqueness)：用于度量哪些数据是重复数据或者数据的哪些属性是重复的。

(6) 关联性(relevancy)：用于度量哪些关联的数据缺失或者未建立索引[13]。

常见的数据质量问题有无效、重复、缺失、不一致、错误值、格式出错、业务逻辑混乱、统计口径不一致等，如图 3-3 所示。

数据标准化可以在一定程度上提高数据质量，可以有效地将目前分散于各部门的数据资源进行系统整合和有序共享，进一步提升电力企业信息资源的利用和服务能力；可以有效破解跨部门、跨层级服务中标准不统一、平台不连通、数据不共享、业务不协同等突出问题，可以有效避免信息系统重复建设造成的新一轮"信息孤岛"，更好地营造"电力企业一盘棋"的良好布局。

数据标准[14]是组织内制定并发布的对经营管理相关数据从业务、技术和管理角度的定义解释，包含数据质量、数据安全、数据认责、数据应用等要求在内的一种规范性文件。

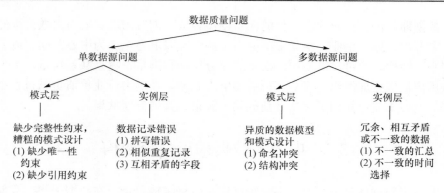

图 3-3　数据质量问题

从业务角度上，数据标准总体分为基础类数据标准和分析类数据标准，根据不同业务主体又可进一步细化；根据数据类型可分为代码标准、编码标准、计值标准、日期标准、描述标准等，甚至可以进一步细分出标志类、比例类、时间类等；根据标准来源的不同，又可分为国家标准、监管标准、行业标准、行内标准等。

从技术角度，国内已经完成的《数据管理能力成熟度评估模型》(GB/T 36073—2018)国家标准中，将数据标准分为业务术语标准、参考数据和主数据标准、元数据标准、指标数据标准。还有的技术厂商将标准分为单词标准、用语标准、域标准和信息类型标准[14]。

依据数据标准化的定义、衡量标准和属性描述，结合电力企业实际业务特点，各部门深入调研业务所需要的各项数据，特别是需要和其他业务部门共享的数据，保证数据一致性和完整性。数据资产管理部门统筹规划、统一标准，认真梳理公司主数据及元数据，确保公司数据能够在多个部门循环流动，不断发挥数据价值。

3.2.2　数据采集架构

电力大数据远程采集系统是建设智能电网的物理基础，系统将计算机技术、通信及控制技术以及高级的传感技术应用相结合，从而实现数据的远程采集、完成了数据的管理并且对数据进行统计分析，及时地发现电力大数据信息中的异常，对电力用户的用电负荷进行监测和控制，提高供电公司的电力管理效率与质量。

电力大数据远程采集系统由主站、通信信道、采集设备三部分组成，如图 3-4 所示。电力大数据远程采集系统贯穿省、市、县三级单位，横向覆盖内部各业务部门、各电压等级的所有线损相关业务，利用国家电力数据通信骨干网、局域网、公共通信网、互联网连接各级部门，以 WS-Security 标准实现安全的互联互通。

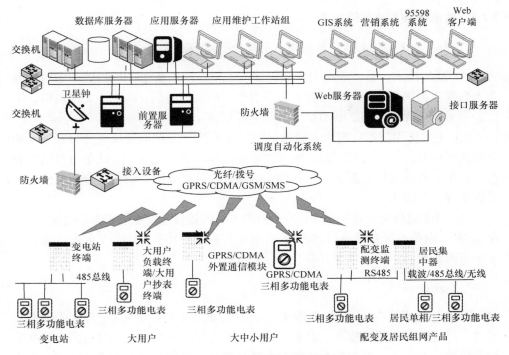

图 3-4 电力大数据远程采集系统

从逻辑架构角度，电力大数据远程采集系统分为采集层、通信层、数据层三个层次，分别承担不同功能的主站层由基本功能、数据管理、数据采集和扩展功能组成。基本功能包括采集点设置、运行管理、负荷管理等基本业务应用，数据管理模块实现对数据的处理和存取，数据采集模块实现协议解析和采集功能，扩展功能提供其他扩展应用。

其中，主站系统由数据库服务器、磁盘阵列以及相关的网络设备组成，主要完成业务应用、数据采集、控制执行、前置通信调度、数据库管理等功能。通信信道用于系统主站与采集终端之间的远程数据通信。采集设备是安装在现场的终端及计量设备，负责收集和提供整个系统的原始用电信息，包括专变采集终端、集中器、采集器以及智能电表等[15]。

而外部用电舆情数据则需要从微博、微信公众号、博客、论坛等有关电力使用模块进行爬取，制定一定的爬取规则和清洗规则，保证爬取到与电力高度相关的舆情数据，将这些爬取的数据与电力服务客服接收的短信、语音等作为最终的用电舆情数据。

3.2.3　数据采集系统关键技术

1. 系统的通信、主站应用及用电信息安全防护技术

(1) 通信技术：是实现电力大数据远程采集系统的基础[15]。目前，应用于电力大数据远程采集系统的通信技术主要有电力线载波通信、微功率无线通信、无线公网通信、无线专网 230MHz 通信和光纤通信。

(2) 主站应用技术：电力大数据远程采集系统[16]主站部署模式分为集中式和分布式两种形式。在应用层面，电力大数据远程采集系统主站要满足电费结算和电量分析、线损统计分析和异常处理、电能计量装置监测、防窃电分析及供电质量管理等业务需求。

(3) 用电信息安全防护技术：由于电力大数据远程采集系统采集信息量巨大、覆盖面广，面临的安全隐患较多，需要针对采集系统各环节可能存在的安全隐患，全面实施安全防护体系建设方案[17]。

2. ZigBee 技术

ZigBee 技术具有短距离、低速率、低功耗、低成本、支持网络节点多等特点，可以广泛地应用于环境监测、农业自动化和工业控制等方面[17]。而电力大数据采集系统设计的主要内容与要求是在电力系统在线监测和其他工业应用领域，需要设计一种适用性强、应用方便，且特别适用于恶劣环境和运动的无线数据采集技术装置，这种无线数据采集技术装置，可以考虑 ZigBee 技术。

ZigBee 的网络结构由三部分构成：ZigBee 网络协调器、ZigBee 网络路由器和终端设备。一个 ZigBee 网络有且只有一个网络协调器，并且全功能设备(full function device, FFD)只能作为协调器。FFD 作为整个网络的主控制器，主要功能是建立新的网络(节点)、设置网络参数、管理网络节点、分配网络地址以及存储网络节点信息等。协调器是网络中各种设备中唯一的、存储信息量最大、计算程度最强、最复杂、耗能最多的设备。

多个终端设备和一个协调器可以构成星形网络拓扑结构。其中 FFD 为协调器，位于网络中心，具有维护和建立网络的功能。终端设备一般为半功能设备(reduced function device, RFD)，分布在协调器覆盖的通信范围内，直接与协调器进行无线通信，所有的数据都必须通过协调器来传输。其结构简单、成本低、上层路由管理较少，但它灵活性差、网络容易阻塞和数据易丢失，而且如果协调器发生故障，整个网络就会瘫痪。

考虑到建立电力大数据采集系统的实际情况，建立一个无线数据采集系统要能以低成本、高可靠性、适应复杂环境的结构实现所需要的功能，所以采用网状拓扑结构，其成本低、组网容易、容易管理和扩充，并且可靠性高。无线数据传输的距离较短，在 ZigBee 技术的传输距离范围内，在需要测量的地方安装数据采集设备，再把手持接收设备作为协调器，发射设备作为路由器与终端设备，这样就组成了一个简单的网状结构的电力大数据采集系统。

3.2.4　基于多线程机制的电力大数据采集

电力大数据采集系统包括电力现场、电力大数据采集装置以及电力大数据采集服务器。基本工作流程如下。

(1) 电力现场拥有大量电力监控仪表，用于高精度地测量常用电力参数，如三相电压、功率等；

(2) 电力大数据采集装置(以下简称 Device)通过串口从电力监控仪表中获取电力实时数据；

(3) 电力大数据采集服务器通过 Internet 从 Device 中采集电力数据，将采集到的数据一方面展示于客户浏览器端，以便用户实时地监测电力数据变化状况，另一方面存入数据库中作为备份。

由于电力大数据采集系统对数据实时性要求比较高，若采用简单的轮询法采集每个 Device 的数据，需要耗费大量的时间，因此采用多线程机制以提高系统资源利用率和执行效率。图 3-5 所示为采用多线程机制的电力大数据采集系统软件体系结构，包括物理层、访问层、数据采集层。

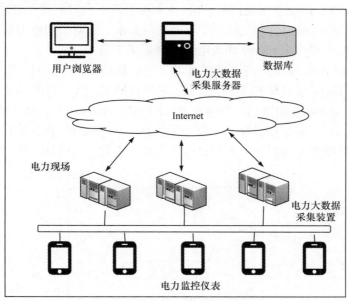

图 3-5　电力大数据采集架构图

(1) 物理层。每台 Device 在一个采集周期内缓存上千条电力数据，本系统需要在 Device 数据更新之前采集电力实时数据。

（2）访问层。实现与 Device 间的交互。由两部分组成，通信连接模块负责实现与 Device 之间建立 Socket 连接；消息访问模块封装与 Device 间的数据传输协议，实现与 Device 间数据包的发送和接收。

（3）数据采集层。多线程机制[18]的应用主要体现在数据采集层。①主线程负责系统的初始化工作：首先从数据库读取各 Device 配置信息，包括 IP 地址、端口、ID 标示等，并存入配置信息列表中，其次创建监听线程和数据采集线程。②由于电网 IP 地址资源紧缺，Device 启动后每隔一段时间 IP 地址和端口会动态变化，并且偶尔会有新的 Device 节点加入数据网络。建立监听线程用于侦听每个 Device 最新的网络地址，以保证系统和 Device 间可靠的通信连接。③数据采集线程用于实现从多个 Device 中实时采集、处理与存储电力数据。

3.3　电力大数据采集的应用建议

目前，电力大数据主要包含如电流、电压、线损、电网拓扑、变相、各类传感器数据等电力内部数据，还包括气象数据、气候数据、舆情数据等诸多外部数据。

电力大数据具有体量大、类型多、速度快等特点，电力企业大数据管理平台拟贯通省、市、县三级数据平台，实现数据共通共用，实现数据跨地域、跨部门、跨业务流动，真正体现数据挖掘的价值。大数据管理平台对数据完整性、规范性、一致性、准确性、唯一性和关联性等有较高的要求。针对公司电力数据特点和业务需求，本书推荐使用 Flume 作为电力数据采集工具。

Flume 是 Apache 的一个分布式组件，它提供高效可靠的日志收集、整合、传输服务。Flume 可以理解成一个管道，它连接数据的生产者和消费者，它从数据的生产者(Source)获取数据，保存在自己的缓存(Channel)中，然后通过 Sink 发送到消费者。它不对数据做保存和复杂的处理(可以做简单过滤和改写)，我们可以使用该工具搜集电力系统中各种设备产生的日志数据。Flume 的工作结构图详见图 3-6。

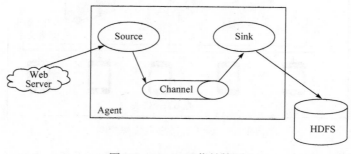

图 3-6　Flume 工作结构图

1. 级联

在电力系统中，多种设备之间是相互关联的。为了分析多个设备之间的运行情况，就不可避免地需要将多个关联的设备日志进行关联分析。Flume 提供的级联机制可以满足这一业务需求，我们可以将两个 Agent 级联起来。Flume 级联结构图详见图 3-7。如果一个 Agent 的 Source 选为 Avro 类型，另一个 Agent 的 Sink 也选为 Avro 类型，那么我们可以将两个 Agent 级联起来，只需要将下一级 Agent 的 IP 信息配置到上一级的 Sink 配置中即可。

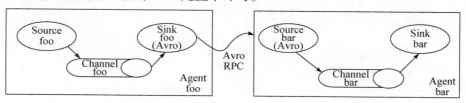

图 3-7　Flume 级联结构图

2. 分发

不同地域、不同部门需要向其他业务部门分发数据，Flume 分发机制可以满足该项业务需求。Flume 分发结构图详见图 3-8。

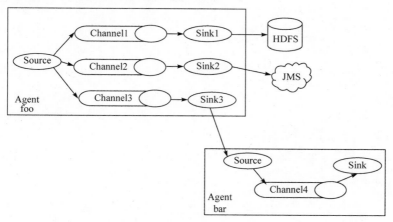

图 3-8　Flume 分发结构图

3. 大规模部署

电力企业下属片区众多、设备繁杂，需要搜集海量的设备日志数据，仅使用单机进行数据采集是无法解决的，所以必须建立分布式集群进行数据采集，以保证数据能够及时高效地被采集。

Flume 大规模部署架构图如图 3-9 所示，Flume 使用 Agent 收集数据，Agent 可以从很多源接收数据，包括其他 Agent。大规模的部署使用多层来实现扩展性和可靠性，Flume 支持传输中数据的检查和修改。

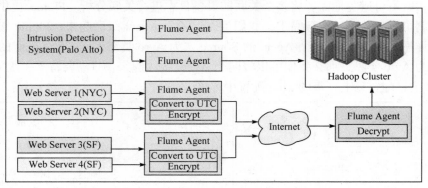

图 3-9　Flume 大规模部署架构图

第 4 章　电力大数据存储与迁移

4.1　电力大数据存储

近年来，电力数据呈现"井喷式"增长，大数据存储的难点不仅仅是数据体量大，还在于数据的多源异构性。电力企业依据不同业务产生不同的数据，可以将这些数据分为结构化数据、半结构化数据和非结构化数据三种，例如，公司员工基本信息可以看作结构化数据，内部系统运行产生的日志信息可以看作半结构化数据，而电线塔摄像头采集的图像数据是非结构化数据的代表，多源异构数据处理框架如图 4-1 所示。

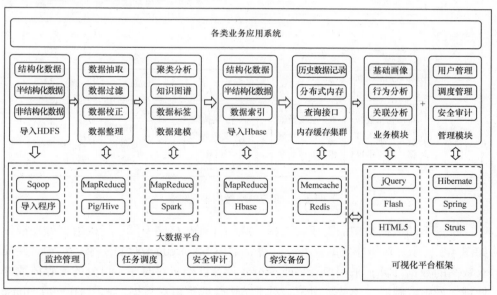

图 4-1　多源异构数据处理框架

针对不同的数据结构，需要使用不同的数据存储技术进行存储，公司需要权衡业务需求和资金投入选用不同的存储数据库。例如，可以使用免费的 MySQL 数据库存储性能要求较低的数据；使用收费的 Oracle 数据库存储性能要求高的数据；使用 Json、XML 存储半结构化数据；使用 Hbase、MongoDB 等存储非结构化数据，使用 Neo4j 等存储图数据。

由于各种数据的差异,采用不同的导入方式,多源异构数据导入框架如图 4-2 所示。其中,对实时性要求较高的数据由 Kafka 进行分发;关系型数据库使用 Sqoop、ETL 等工具,直接导入数据到 HDFS;对于安全等级较高的数据以及一些其他离线数据,使用硬件复制或文件传输协议(file transfer protocol,FTP)方式导入;对于日志等文本数据使用 Flume 工具导入;对于互联网数据使用爬虫工具爬取后导入;对于视频等多媒体数据,使用各厂商提供的软件开发工具包(software development kit, SDK)开发导入程序,或者使用多媒体流处理引擎直接抓取和在线处理。在电力数据存储和转移过程中,数据来源不同,数据库中存放的主要是系统加工整理后的数据,一般没有描述行为过程的数据,此时为了获得这些数据就需要开发能够连接原始数据源的数据采集工具[19]。

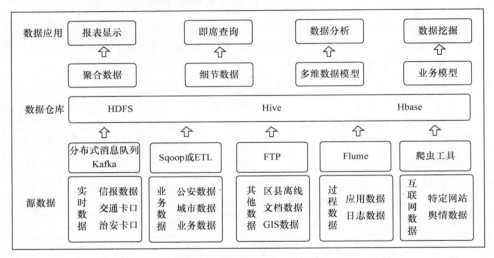

图 4-2　多源异构数据导入框架

根据不同数据类型的需要,选择具体的计算和存储引擎,异构数据处理框架如图 4-3 所示。对于非实时性数据计算,采用 MapReduce 计算引擎;对实时性要求较高的数据计算,采用 Spark 或 Storm 计算框架;对时序不可分的流媒体数据处理,采用定制流媒体计算引擎;对于结构化或键值对数据,采用 Hive 或 Hbase 存储,兼容 MySQL 等关系型数据库;对于日志、多媒体等半结构化和非结构化数据,采用 HDFS 存储。数据仓库可以统一建立在 HDFS 上,统一的存储有助于最大化地发挥分布式系统的数据处理能力,减少异构数据仓库自身性能瓶颈导致的大数据系统性能下降问题。对于结构化数据的处理主要包括内容清洗、统计分析、关联分析等;对于半结构化数据的处理涉及模板分类、字段检索、关键字段提取等;对于非结构化数据的处理涉及文本内容的挖掘与分析、语义理解与情感分析等。随着数据结构多样性和内容不确定性的增加，数据处理的复杂度和难度呈现指数型增长，诸多数据处理问题这时转变为人工智能算法问题[19]。

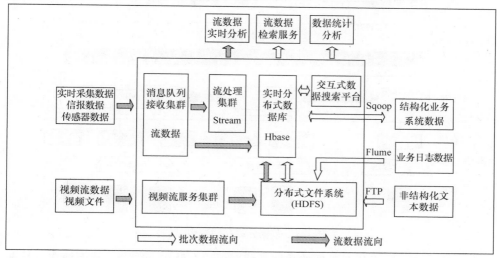

图 4-3　异构数据处理框架

不同的数据价值不同，采用分级存储方式有利于最大化公司存储价值。分级存储根据数据的不同特点将其存放在不同性能的存储设备中。数据在存储设备之间的自动迁移由分级存储管理软件来实现。数据迁移规则可以是人为控制也可以按规则自动运行，迁移时机一般根据数据访问频率、保留时间等因素确定。在分级存储架构中[20]，访问率低的信息存放于虚拟磁带库等成本较低的存储设备，而经常访问的信息存放于磁盘阵列等成本较高、速度更快的高性能设备。

分级存储管理机制的技术架构如图 4-4 所示[20]，分级存储管理机制解决方案将带来以下好处：

(1) 降低数据存储的整体成本；

(2) 提高系统整体性能；

(3) 提高数据存储的灵活性，数据对用户和应用透明，用户无须对数据迁移进行人工干预。

公司按照数据的使用频次和重要程度划分以下三个存储等级。

(1) 在线存储：又称工作级的存储，一般情况下将系统最核心、访问频率最高的数据存放在高速的磁盘存储阵列上，存取速度快、价格昂贵。在线存储一般采用较高端的存储技术，具有高性能、高可用性和冗余性等。它的最大特点是将存储设备和所存储的数据时刻保持在线状态，以供系统随时读写。

(2) 近线存储：近线存储的数据已经不再被频繁访问与修改，但仍间断性地需要访问，只是访问的频度相对降低，为使计算及存储资源最优地支撑在线业务

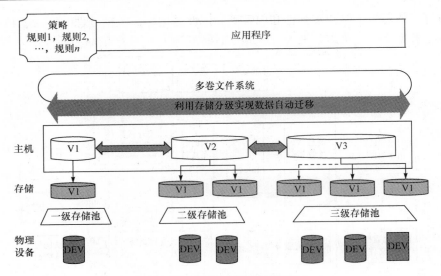

图 4-4　数据分级存储架构图

活动，宜将访问频度相对较低的数据迁移至近线存储进行管理，从而使在线数据的处理获得最佳性能效果，近线存储数据一般是不能进行修改的在线数据，不再进行加工和处理，仅供查询使用。

(3) 离线存储：又称备份级存储，存储的是在业务经营活动中不再被查询和使用的数据，但因政策和制度需要长久保留，或是用于数据挖掘和知识发现需要保留，这样的数据通过备份软件从近线存储设备迁移至磁盘库或光盘库中，或通过数据交换平台传送到数据仓库中进行长期保留。

4.2　电力大数据分布式检索

使用数据分级存储策略可以在一定程度上缓解数据检索难题，但随着数据量的激增，数据检索速度会大大降低，特别是对于非结构化数据检索，如果不使用数据索引检索技术，几乎无法满足实际的业务需求。Elasticsearch是一个开源的高扩展的分布式全文检索引擎，它可以近乎实时地存储、检索数据；本身扩展性很好，可以扩展到上千台服务器，处理 PB 级数据，其结构如图 4-5 所示。它使用 Lucene 作为核心来实现所有索引和搜索功能，但是它的目的是通过简单的 RESTful API 来隐藏 Lucene 的复杂性，从而让全文检索变得更简单。

当 Elasticsearch 的节点启动后，它会利用多播(multicast)寻找集群中的其他节点，并与之建立连接，这个过程如图 4-6 所示。

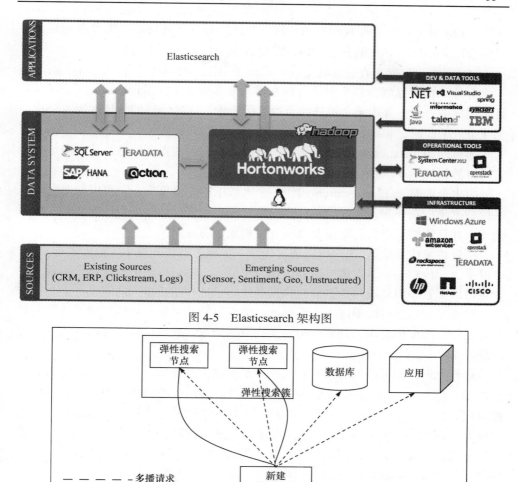

图 4-5　Elasticsearch 架构图

图 4-6　Elasticsearch 工作原理图

Elasticsearch 包含以下 4 个核心概念。

(1) 集群(cluster)：Elasticsearch 可以独立作为一个搜索服务器，但是为了处理海量数据，实现容错和高可用性，Elasticsearch 通常会运行在许多相互连接的服务器上，这些机器的集合称为集群。

(2) 节点(node)：集群中的每一个服务器或主机被称为一个节点。

(3) 分片(shard)：当有大量的文档时，由于内存的限制、磁盘处理能力不足、无法足够快地响应客户端的请求等，一个节点可能不够。这种情况下，数据可以分为较小的分片。每个分片放到不同的服务器上。当查询的索引分布在多个分片上时，Elasticsearch 会把查询发送给每个相关的分片，并将结果组合在一起，而应用程序并不知道分片的存在，即这个过程对用户来说是透明的。

(4) 副本：为提高查询吞吐量或实现高可用性，可以使用分片副本。副本是一个分片的精确复制，每个分片可以有零个或多个副本。Elasticsearch 中可以有许多相同的分片，其中之一被选择更改索引操作，这种特殊的分片称为主分片。当主分片丢失时，集群将副本提升为新的主分片。

通过使用 Elasticsearch 创建索引，可以快速检索到查询信息，从而满足分布式实时数据检索要求。

电力企业基于 Elasticsearch 构建一个大数据搜索引擎平台，可以与电力信息系统数据集成在一起，实现设备台账数据、用户数据、计量点负载率数据的快速检索，并且能够实现信息定位、数据分析和预警功能。

通过快速检索功能,用户可以通过任意一个服务器访问整个大数据集群平台，集群平台的任意一个节点都可以被选择为主节点，通过将索引分片划分为多个，并且可以配置一份复制片，主分片和复制片将会被存储在不同的节点。

数据定位功能可以通过 Elasticsearch 搜索引擎针对导航数据的地理位置进行判定，将经纬度信息添加到索引中，实现数据插入之前可以针对经纬度信息进行处理。

数据分析功能可以通过在检索过程中根据电力企业的需求实现数据加工的分析功能。Elasticsearch 数据分析时引入了先进的协同过滤算法，可以根据各个集群节点的文档数据请求进行分析，按照相关性排列搜索到的内容，过滤掉不相关的内容。同时，Elasticsearch 引入了基于左右递归的新词发现算法，构建一个垂直领域的个性化词典，采用离线计算方式发现新词，再采用 Redis 广播模式将新词加载到 Elasticsearch 分词组件的词库中。

数据预警可以通过 Elasticsearch 技术实时监控集群状态，固定时间进行相应的检测，根据发生错误的情况进行相应的预警。

基于 Elasticsearch 的电力大数据搜索引擎可以构建智能化的数据加工平台。能够根据用户输入的关键字，选择合适的搜索方式和搜索范围，帮助电力企业实现大数据的快速检索功能。

4.3 电力大数据迁移应用建议

电力企业每天都会产生海量的电力数据，这些数据具有不同的应用价值，并且随着时间的推移，数据价值通常会逐渐降低，为了使公司存储价值最大化，建议公司采用分级存储架构，对数据进行定期迁移。数据迁移以数据全生命周期管理为基础，根据数据具有不同的静态分布、动态访问带宽、访问频率、存储成本等特点将其存放在不同性能的存储设备中。通过分级存储管理软件实现数据在存储设备之间的自动迁移。

　　数据迁移是一项费时费力的工作，为了能够有效地进行数据迁移，选择一款合适的工具是至关重要的。本书通过调研不同免费开源迁移工具，分析对比了不同迁移工具的优缺点，最终决定采用 Kettle 作为数据迁移工具，相比于其他数据迁移工具，其具有以下几点优势。

　　(1) 支持 DBF、Excel、CSV、TXT 和常用数据库文件的迁移；

　　(2) 可高效完成批量数据迁移并能与常见分布式集群实现无缝对接；

　　(3) 能记录、查看转移状态和定位迁移失败数据；

　　(4) 社区成熟，具有丰富的成熟案例和开源资料；

　　(5) 易学易用，可以快速解决实际问题。

　　Kettle 实际工作时，采用工作流的模式，Kettle 运行架构见图 4-7。按照预先制定的工作步骤，对数据流进行操作，Kettle 的执行可以分为以下两个层面。

　　(1) 转换(Transformation)：是要进行具体的数据流操作，可以对数据进行抽取、清洗、转换、数据流向控制等。

　　(2) 任务(Job)：处理整体业务转换，可以做前期准备工作(如文件判断、脚本执行等)、业务转换调度、日志预警、定时执行等。

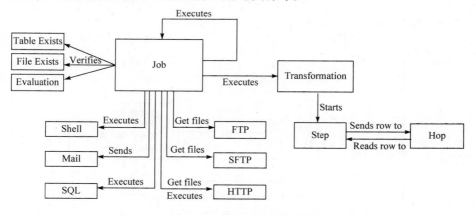

图 4-7　Kettle 运行架构图

　　Job 实际上就是 Kettle 中的任务流，用于调用 Transformation 和其他 Job，Job 模块工作流程见图 4-8，由 Entry 和 Hop 组成。

　　Transformation 主要包含两部分，即 Step 和 Hop。其中 Step 为 Transformation 的一个步骤，可以是一个 Stream 或是其他元素。一个 Hop 代表两个步骤之间的一个或者多个数据流。一个 Hop 总是代表着一个步骤的输出流和一个步骤的输入流。Transformation 模块工作流程见图 4-9。

针对电力大数据迁移场景，不同业务部门可以依据其数据自身的价值及使用频度，结合 Kettle 的使用规范，设计个性化的数据迁移策略，完成电力大数据的动态迁移任务。

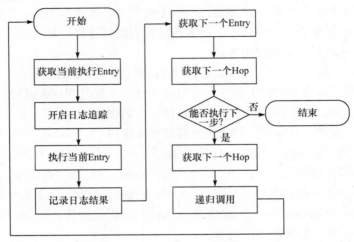

图 4-8　Job 模块工作流程图

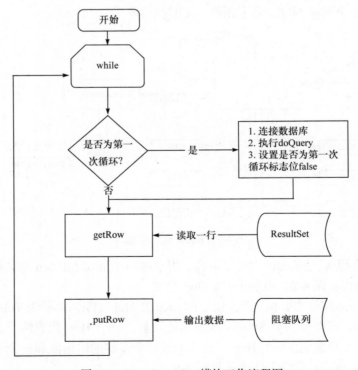

图 4-9　Transformation 模块工作流程图

第5章　电力大数据共享与融合

5.1　数据共享

目前,电网企业已经完成企业资源计划(enterprise resource planning, ERP)[21]、调度、生产等主要业务应用系统的建设，但由于各业务系统相互独立、技术架构各不相同、系统建设有先后，信息交互共享困难，存在大量的信息和流程孤岛。为进一步提升电网企业生产管理水平，需要消除各部门信息壁垒，制定信息共享的标准规范，实现信息共享融合的统一平台。统一电网资源模型在进行数据交换过程中，遵从先进的标准规约，基于先进的企业服务总线架构，为开发平台异构的、实现技术不同的、业务域迥异的业务应用系统提供统一的数据交换服务，实现各应用系统数据的互联互通，以及电网企业各业务系统间的快速数据交换与服务共享。

5.1.1　数据共享架构

基于公司数据流的不同应用需求，数据实时交换系统应能够同时接收不同路由、不同链路传输的数据流。公司数据交换主要有以下几个特点。

(1) 不同应用的数据流实时性要求不同，实时性要求高的数据流需要尽早执行，实时性要求不高的数据流执行紧迫性相对较低。例如，涉及系统调度的数据实时性要求很高，而员工信息查询的数据实时性要求相对较低。

(2) 数据包大小和发送帧频率的不固定。根据发送数据频度、数据包大小将数据划分为两类：一类是基于数据流发送的数据，这种数据流发送频率和数据包大小并不固定；另一类是基于速率发送的数据，这种数据流包大小和频率一般是固定的。

(3) 信息节点多，地理位置分散并且分布广。

基于公司以上三个数据交换特点和公司现有技术沉淀，设计了如图 5-1 所示的数据分享架构图。

5.1.2　Apache NiFi 数据处理分发系统

Apache NiFi 是一个易于使用、功能强大而且可靠的数据处理和分发系统，图 5-2 展示了 NiFi 架构图。NiFi 为数据流而设计，它支持高度可配置的指示图的数据路由、转换和系统中介逻辑，支持从多种数据源动态拉取数据。NiFi 是为自动化系统之间的数据流而生的，这里的数据流表示系统之间的自动化和受管理的信息流。基于 Web 图形界面，通过拖拽、连接、配置完成基于流程的编程，实现数据采集、处理等功能。

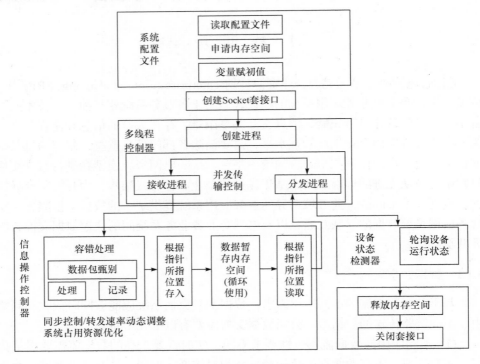

图 5-1　数据分享架构图

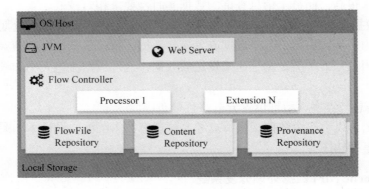

图 5-2　NiFi 架构图

采用 NiFi 可以带来如下好处：

(1) 适用于视觉创建和管理处理器的有向图；

(2) 本质上是异步的，即使在处理和流量波动时也允许非常高的吞吐量和自然缓冲；

(3) 提供高度并发的模型，而开发人员不必担心并发性的典型复杂性；

(4) 促进发展黏性和松散耦合的部件，然后可以在其他情况下重复使用，并促进可测试的部件；

(5) 资源受限的连接使关键功能非常自然和直观；

(6) 错误处理变得与基本逻辑一样自然，而不是粗粒度地一网打尽；

(7) 数据进出系统的点以及流程被很好地理解和易于跟踪。

1. 使用便捷

(1) 视觉指挥与控制，NiFi 可以直观地建立数据流，能够将控制流程可视化，降低控制复杂性并确定需要简化的领域。NiFi 不仅可以直观地建立数据流，而且可以实时地展现，而不是按照设定的模板进行固定刻板的设计和部署。如果需对数据流进行细粒度的更改，并立即生效，不需要停止整个流程。

(2) 流模板。数据流往往是高度模式化的，而通常有许多不同的方式来解决问题，它可以极大限度地加快分享这些最佳实践。NiFi 支持建立流模板，将不同方式的数据流高度模式化，并支持共享。流模板允许主体专家构建和发布他们的流程设计，并为其他人的合作和自身的创作提供帮助。

(3) 资料来源。NiFi 自动记录、索引并提供可用的来源数据，因为对象即使在扇入、扇出、转换等过程中也可以流经系统。该信息在支持合规性、故障排除、优化和其他场景方面变得非常重要。

2. 稳定安全

(1) 系统到系统。数据流中每一站点的 NiFi 都可以通过使用如双向 SSL 等加密协议提供安全交换。此外，NiFi 使得流可以加密和解密内容。

(2) 用户到系统。NiFi 支持双向 SSL 身份验证，并提供可插拔授权，从而可以正确控制用户的访问和特定级别(只读、数据流管理器、管理员)，如果用户在流程中输入密码等敏感属性，则立即加密服务器端，即使在加密形式下也不会再次暴露在客户端。

(3) 多租户授权。给定数据流的权限级别适用于每个组件，允许管理员用户具有细粒度的访问控制。这意味着每个 NiFi 集群都能够处理一个或多个组织的要求。与独立拓扑相比，多租户授权可实现数据流管理的自助服务模式，从而允许每个团队或组织对流程进行管理，同时充分了解流程其他无法访问的部分。

3. 可扩展架构

(1) 可靠扩展。NiFi 的核心是可靠扩展，因此它是数据流处理以可预测和可重复的方式执行与交互的平台。扩展点包括处理器、控制器服务、报告任务、优先级和客户与用户界面。

(2) 站点到站点通信协议。NiFi 实例之间的首选通信协议是 NiFi 站点到站点 (site to site，S2S)协议。S2S 可以方便、高效、安全地将数据从一个 NiFi 实例传输到另一个 NiFi 实例，NiFi 客户端库可以轻松构建并捆绑到其他应用程序或设备中，以通过 S2S 与 NiFi 通信。S2S 中都支持基于套接字的协议和 HTTP(S)协议作为底层传输协议，从而可以将代理服务器嵌入 S2S 通信中。

4. 灵活的缩放模型

横向扩展(聚类)，如上所述，NiFi 旨在通过将多个节点聚类在一起使用来展开。如果单个节点被配置为每秒处理数百兆字节数据，则可以配置适度的集群来处理每秒吉字节数量的数据。这将带来 NiFi 与获取数据的系统之间的负载平衡和故障转移的挑战。基于异步排队的协议(如消息传递服务、Kafka 等)可以提供帮助。使用 NiFi 的站点到站点功能也非常有效，因为它允许 NiFi 和客户端(包括另一个 NiFi 集群)相互通话，共享关于加载的信息以及在特定授权端口上交换数据的协议。

5.2 数据融合方法

5.2.1 数据融合层级

数据融合是一种多层次、多方面的数据处理过程，对来自多个信息源的数据进行自动检测、关联及组合等处理。利用信息同步技术处理多源信息，将不同对象的数据分类融合，把属于同一对象的数据信息集中在一起，获得被测对象的完整及一致性描述，将"大数据"转变为"小数据"，使数据"由厚到薄"，从而得到比单一信息源更加全面、准确的数据，消除"信息孤岛"的现象，集中体现事物最本质的含义，得到最逼近真值的数据，得到更深层次的有价值的信息。通常，按融合程度的递进可分为三个融合层次，如图 5-3 所示。

1. 数据层融合

数据层融合是最初级的融合，最终实现的是对同一个对象的数据关联及融合处理目标。数据层融合虽然避免了信息的大量丢失或遗漏，尽可能地保持大量原始信息，但由于数据量巨大，耗费的时间太长，所以实时性很差。

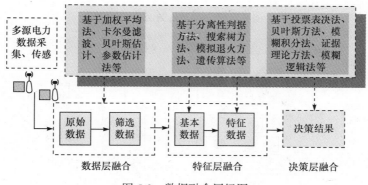

图 5-3　数据融合层级图

2. 特征层融合

特征层融合是对预处理过的数据进行融合，在所获得数据的特征信息和数据匹配的基础上，进行数据的关联处理；它的融合级别比较高，一般用于目标识别；此外，特征层融合不仅保留了大量原始信息，还很好地改善了算法性能，提高了实时性。

(1) 直接关联[22]，这种方法平等看待来自不同数据集的数据，把它们连成一个特征向量，这个特征向量最后被用于聚类或事物分类。但很多研究认为这种数据融合的方法存在一定的局限性。首先，在少量的训练样本中，这种相互关联有可能导致过拟合，并且可能会忽略每个样本的具体特征；其次，从不同形式的数据中发现关联性不强的数据之间的高度非线性关系是很困难的；最后，从可能存在相互关联的不同数据集中提取的数据特征可能存在冗余和依赖。

(2) 基于深度学习融合。使用 Boltzmann Machine 是深度学习在不同形式数据融合中的又一种应用。先对多形式学习模型定义三种标准：①学习到的不同特征反映不同形式之间的相似性；②这些共同的特征在缺少数据形式的情况下也可以很容易地获取到；③当从其他数据中查询时，这些新的数据特征可以促进检索。一种称为深度 Boltzmann Machine 的方法可以用来实现数据融合和数据关联推理，其结构图如图 5-4 所示。

3. 决策层融合

决策层融合级别最高，通过决策层融合，不仅可以实现目标识别，还可以进一步得到最终的融合推断结果。决策层融合有优点也有缺点，优点是能够实现更深层次的融合和匹配，且实时性和抗干扰能力很好，缺点是信息量损失大。

传统的数据挖掘是处理单一数据域中的问题，电力大数据包含不同的数据域、不同的数据源和不同的数据形式。

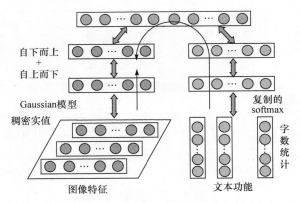

图 5-4　深度 Boltzmann Machine 结构图

传统数据融合主要是通过模式映射和副本检测的方式，使用相同的模式把多个数据集存储在数据库中，这些来自不同数据集的数据描述了相同的特征。然而，在大数据时代，不同领域产生的多个数据集隐含着与某些物体之间的关联性。例如，尽管一个地区的电力数据和经济统计数据来自不同的数据域，但是用电量数据可以在一定程度上反映当地的经济发展状况。对来自不同数据域的数据进行融合时不能简单地通过模式映射和副本检测实现，而需要用不同的方法从每个数据集中提取信息，然后把从不同数据集提取的信息有机地整合在一起，从而感知这一区域的有效信息。除了模式映射之外，还有很多信息融合的方法，这与传统的数据融合有很大的不同，如图 5-5 和图 5-6 所示。

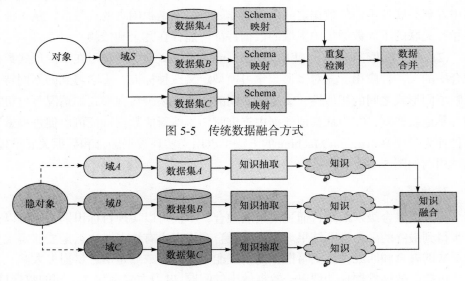

图 5-5　传统数据融合方式

图 5-6　跨域大数据融合方式

5.2.2　基于语义的数据融合

基于特征的数据融合方法不关心每一个特征的含义，仅仅把这种特征视为一个真实值或绝对值。与基于特征的数据融合不同，基于语义的数据融合方法需要清晰地理解每一个数据集。需要知道每一个数据集代表着什么，为什么不同的数据集可以融合，它们之间怎样相互增强特征，数据融合的过程中带有人们希望借助多种多样的数据集去解决问题的特征。因此，这些特征是可以判断的、有价值的。本节介绍四种基于语义的数据融合方法：基于多视图的数据融合方法、基于相似性的数据融合方法、基于概率依赖的数据融合方法和基于迁移的数据融合方法。下面介绍前两种方法。

1) 基于多视图的数据融合方法

关于同一个实体的不同数据集和不同特征的子集可以视为一个实体的不同视图。例如，从不同数据源训练之后的信息可以鉴定一个电力设备的一些信息，如生产厂商、使用协议等。这些数据集描述相同的实体，它们之间存在潜在的相似性。另外，这些数据集是不同的，分别包含着独有的信息。因此，整合不同的视图可以更加准确、全面地描述一个物体。

共同训练是最早的多视图学习模式之一，共同训练认为每一个样本可以被划分成不同的视图，这里提出三种不同的假设：①充分，每一个视图足以自己进行分类；②兼容，所有视图的目标函数以最大的可能性对共同出现的特征预测到相同的特点；③有条件的独立，这些视图在某种条件下独立地被赋予某种标签。由于条件独立性的假设通常太强以至于不能满足实际，所以，实际使用过程中，需要对限制条件进行必要的弱化。

在共同训练中，不是给未标记的样本设定标签，而是给未标记的样本概率设定标签，每个图的这个标签在最大期望(expectation-maximization，EM)算法的每一轮中可能会发生变化。这个算法称为复合最大期望(composite expectation-maximization，Co-EM)算法，在很多问题上，比共同训练更好，但是要求每个分类器产生类别标签。在某种概率下，重新构造支持向量机，Brefeld 开发了支持向量机的 Co-EM 模型来弥补这种差距，如图 5-7 所示。

2) 基于相似性的数据融合方法

相似性存在于两个不同的物体之间。如果我们知道两个物体(X、Y)在某种维度上存在相似性，当 Y 的信息缺失的时候，Y 的信息可以暂时使用 X 替代。当 X 和 Y 分别有不同的数据集的时候，我们可以学习到这两个物体之间的多个相似的性质，X 和 Y 的数据将会基于相应的另一个数据集的数据进行计算。合并两个物体的相关性，这些相关性可以相互增强。反过来，后者又会增强前者。

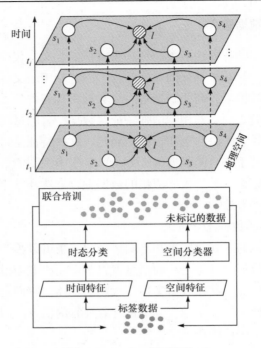

图 5-7　Co-EM 模型架构

　　前面列举了数据融合常用方法，并比较了各自的适用场景和优缺点，结合公司数据特点和已有工作积淀，拟采用基于语义的数据融合方法，为了能够贯通各部门多种业务数据的交互，我们构建电力系统知识图谱。

　　知识图谱本质上是一种结构复杂的语义网络，其作用是揭示本体之间的关系。在知识图谱中有三个较为重要的概念，分别是实体、关系和属性。实体是知识图谱中最基础也是最重要的一部分，就像人体中的肌肉；关系则描述了实体之间的联系，就像人体中的骨骼；属性则表现了实体的固有特征，犹如人体内的细胞。我们常常使用三元组的形式来具体地表示知识图谱中的实体、关系和属性，如⟨头实体，关系(或属性)，尾实体(或属性值)⟩，这些三元组的集合则组成了整个知识图谱。

　　知识图谱大致有两种构建的方式：一种是自下而上的，即先从数据中提取实体和关系，再构建顶层的本体模式；另一种是自上而下的，即预先定义好知识图谱的本体模式，然后再从数据中提取相应的知识。这两种构建方式各有利弊，目前谷歌、百度、Facebook 等互联网公司构建的知识图谱大多使用的是自下而上的方法。

　　知识图谱构建流程如图 5-8 所示，主要包括信息抽取、实体消歧以及知识推理。由于工控安全领域的数据不易获取，同时分布较为杂乱，所以工控安全知识图谱构建的过程也可以看作一个多源数据采集与融合的过程。

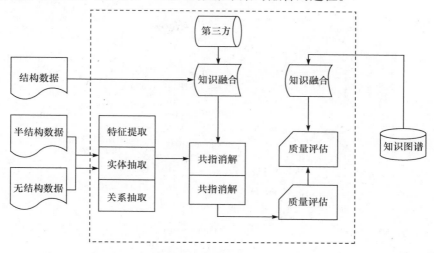

图 5-8　知识图谱构建流程

　　信息抽取的主要功能是对文本数据进行分析与处理，并从中提取出一些特定的事实信息。信息抽取技术按照数据类型来划分，可以分为面向结构化数据的信息抽取技术、面向半结构化的信息抽取技术以及面向开放域的信息抽取技术三种；按照所使用的方法来划分，可以分为基于数据挖掘的信息抽取技术、基于文本挖掘的信息抽取技术两种；或者也可以分为基于模板和规则的信息抽取技术，以及基于机器学习方法的信息抽取技术。信息抽取主要包括命名实体识别、关系抽取以及事件抽取三种核心的工作，图谱展现方式如图 5-9 所示。

　　实体消歧是指根据上下文确定对象语义的过程。实体消歧是自然语言理解中最核心的问题。我们知道，在词义、句义、篇章含义这些不同层次下都会出现语言根据上下文语义不同的现象，而实体消歧则是在词语层次上进行的语义消歧。实体消歧是自然语言处理任务的一个核心与难点，影响了几乎所有任务的性能，如后续的知识推理、搜索、关联、推荐等。实体消歧主要包括基于词典与知识库的方法、有监督学习的方法、无监督学习的方法以及半监督学习的方法等。

　　知识推理是指根据知识图谱中已有的知识，推断出新的、未知的知识。通过进行一系列的知识推理，能够提高知识的完备性，扩大知识的覆盖面。与此同时，对于我们面向工控安全的知识图谱来说，进行知识推理正是一个寻找关联、发现规则的过程，能够有效地从多源数据中得到一些隐藏的安全知识，从而丰富整个知识库。知识推理主要包括表示学习技术、张量分解技术以及路径排序算法三种方法。

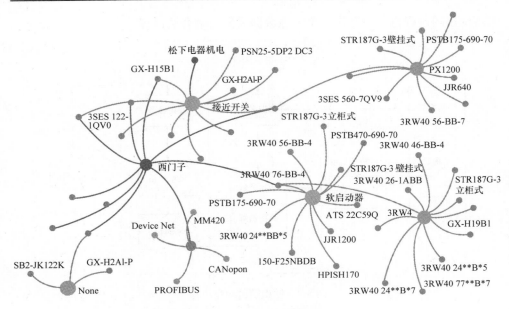

图 5-9　电力系统知识图谱

5.3　电力大数据融合框架建议

电力企业大数据中心需要融合省、市、县三级数据平台，同时需要贯通公司不同部门、不同业务、不同地域的数据，清除数据交换壁垒，实现数据全方位、多通道的数据流动，真正实现公司各部门、各地区的数据流动。针对这些特点和需求，本书推荐公司使用知识图谱作为数据融合的首选工具，构建电力知识图谱不仅可以高效地融合公司内部数据，同时电力知识图谱可以实现检索、数据挖掘等功能，便于后续公司对电力大数据进行进一步深层次的挖掘分析。

构建电力知识图谱不仅可以有效融合公司各部门的多源孤立的数据，同时数据管理者和使用者能够直观地发现各种数据之间的关联关系，例如，通过图谱可以发现哪个变电站出现了问题，与该变电站相连的输电线路有哪些，该变电站出现过几次故障，什么时候维修的、谁负责维修的等一系列问题。知识图谱构建一般包括数据采集、实体识别、关系抽取、知识存储和知识推理等步骤，其通用的构建架构如图 5-10 所示。

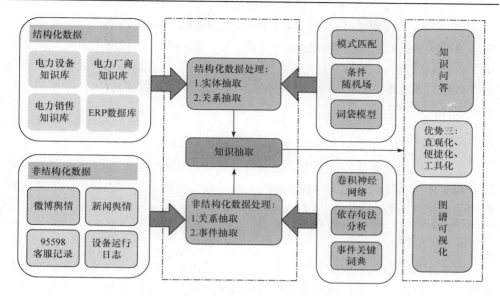

图 5-10　电力系统知识图谱构建架构

5.3.1　电力知识图谱构建相关技术

1. 获取电力系统相关数据

多源异构数据采集和预处理是知识图谱构建的基础，数据质量的好坏决定了知识图谱中知识质量的好坏，同时，数据的结构决定了信息抽取过程中所采用的方法。因而如何采集与电力系统高度相关的数据则是知识图谱构建过程中的一个首要问题。公司需要采集与电力系统相关的电力设备、维修日志、电力使用舆情等数据，这些数据主要分为结构化、半结构化和非结构化形式，针对不同的数据结构需要采用不同的提取策略进行实体抽取等操作。

2. 实体抽取

实体抽取指的是自动化地从还未加工的自然文本中识别出命名实体。因为命名实体是构建电力知识图谱的最基本元素，所以其抽取的完整性、准确率等直接影响知识库的质量。因此，实体抽取是知识抽取中最基础和关键的一步。

实体抽取的方法大致可以分为两种，分别为基于规则与词典的方法、基于机器学习(或深度学习)的方法。总的来说，基于规则与词典的方法准确率较高，且接近人的思维方式。但是基于规则与词典的方法往往依赖于具体语言、领域、文本格式，可移植性差。和基于规则与词典的方法相比，基于机器学习的方法健壮性和灵活性更好，且比较客观，不需要太多的人工干预和领域知识，但数据稀疏问题比较严重，效率相对较低，同时这类方法还需要大规模的语料库。基于规则与词典的实体抽取技术是实体抽取的经典方法，其好处在于抽取出来的实体准确率和召回率较高，并且常常针对特定领域，所得结果质量较高。我们主要是想构建面向电力系统的知识图谱，其构建规则相对固定，所以我们采用基于规则与词典的实体抽取方法。

3. 属性抽取

属性抽取主要是从描述文本中抽取某个实体的属性特征。由于实体的属性可以看成实体与属性值之间的一种名称性关系，所以可以将实体属性的抽取问题转化为关系抽取问题。

4. 信息抽取

关系抽取是信息抽取的关键环节，其任务是获取文本中实体之间在语法或者在语义上的联系。虽然语义关系抽取在近几年取得了一定的进展，但是其面临的需要大量标注、抽取性能较低等问题也一直很难得到解决。关系抽取通常包含基于特征向量的关系抽取方法以及基于树核函数的关系抽取方法。

其中，事件抽取主要是为了抽取表示一个事件发生的时间、地点、任务以及故事情节的相关特性。一般包括符号特征的方法和表示学习的方法。在事件抽取的过程中一般需要提前定义好事件的类型以及每种类型下包含的属性。经典的事件抽取方法包括基于规则和模板的方法，前沿的事件抽取方法则包括基于有监督的深度卷积神经网络的方法。

事件抽取是信息抽取的重要环节，其主要用于从文本中获得在一定时间段内发生的、有若干角色参与的、由动作连接而成的事件，并将事件信息进行有效的结构化的表示。近年来，越来越多的学者提出了几种利用模板进行模式匹配或者自动抽取模式的方法，这些方法在有效地对模板规定的事件类型进行抽取的情况下，通过建立无监督的模型扩展了模式的数量，从而获得了更多的实体和事件。

5. 实体消歧

实体消歧也称为实体匹配或者实体解析，主要是用于消除异构数据中实体冲突、指向不明等不一致性问题，可以从顶层创建一个大规模的统一知识库，从而帮助机器理解多源异质的数据，形成高质量的知识。

在大数据的环境下，受知识库规模的影响，在进行知识库实体对齐时，可能会面临以下三个方面的挑战：计算复杂度，匹配量大的计算复杂度会随知识库的规模呈二次型增长；数据质量，由于不同知识库的构建目的与方式有所不同，可能存在知识质量良莠不齐、相似重复数据、孤立数据、数据时间粒度不一致等问题；先验训练数据，在大规模知识库中想要获得这种先验数据非常困难，需要构建者手动标记训练数据。

6. 知识融合

知识融合是把不同图谱中已存在的知识进行整合，对于知识图谱的构建、表示均具有重要的意义，实体消歧是知识融合的关键步骤，大规模的知识库不仅蕴含了海量的知识，其结构、数据特征也极其复杂，这些对知识库实体对齐算法的准确率、执行效率提出了一定的挑战。

5.3.2　电力知识图谱构建流程

1. 数据预处理

使用哈尔滨工业大学的语言技术平台(language technology platform, LTP)工具对工控安全相关的新闻语料进行分句、分词、词性标注、依存句法分析等。

分词是词性标注、依存句法分析等自然语言分析技术的基础，也是大多数自然语言处理系统必须进行的预处理步骤，无论分析句子的语法结构还是语义信息，都需要先进行分词处理。这里使用的分词技术被建模为一个序列标注问题，每一个字都会被标注一个是否到达词语边界的标记。使用的机器学习算法为在线机器学习方法。同时加入英文、统一资源定位符(uniform resource locator, URL)的识别规则，充分利用空格等自然分隔信息，将词典信息作为特征融入机器学习算法中，最终在《人民日报》的测试集上取得了 98%的准确率和召回率。

词性标注的结果是对各个词语的语法功能的高度概括，利用词性标注的结果可以解决一部分中文没有词形变化导致的歧义问题，也可以从词性标注的结果中总结出一些模板用于信息抽取。词性标注的标注集不止一种，本书中用到的标注集为 863 词性标注集，具体内容如表 5-1 所示。

表 5-1　863 词性标注集

词性标记	解释	示例	词性标记	解释	示例
a	形容词	美丽	h	前缀	伪
b	其他名词性修饰	大型	i	习语	百花齐放
c	连接词	和	j	缩写	公检法
d	副词	非常	k	后缀	率
e	感叹词	啊	m	数词	一
g	词素	茨	n	普通名词	手机

词性标记	解释	示例	词性标记	解释	示例
nd	方向名次	右	p	介词	被
nh	人名	李白	q	量词	个
ni	组织名	保险公司	r	代词	我
nl	方位名词	城郊	u	助词	的
ns	地理名词	北京	v	动词	写
nt	时间名词	今年	wp	标点符号	，
nz	其他专有名词	图灵奖	ws	外文词	NLP
o	拟声词	滴答	x	非完整词语	苹

　　这里所使用的词性标注技术被视为一个基于词的序列标注问题，对于词序列中的每一个词，模型会在其标注中为每一个标识词的边界做标记。使用的机器学习算法与分词方法类似，为在线机器学习算法。该方法在《人民日报》的测试集上取得了98%的准确率。

　　依存句法分析(dependency parsing，DP)通过分析句子中词语之间的依存关系来表示句子的语法结构。依存关系包括主谓关系、动宾关系等。根据句子中存在的依存关系，可以将句子的语法结构用一棵树表述出来，这就是依存树(dependency parsing tree，DPT)。与词性标注结果相似，依存分析结果也可以对词语在句子中的作用进行概括，而且由于包含了词语之间的关系，依存分析的结果对句子的语法结构描述得更加具体深入。本节使用的依存分析标注集包含表5-2所示的15种依存关系。

表 5-2　863 依存分析标注集

依存关系	解释	示例
SBV	主谓关系	我送她一束花 (我←送)
VOB	直接宾语	我送她一束花 (送→花)
IOB	间接宾语	我送她一束花 (送→她)
FOB	前置宾语	他什么书都读 (书←读)
DBL	兼语	他请我吃饭 (请→我)
ATT	定中关系	红苹果 (红←苹果)
ADV	状中关系	非常美丽 (非常←美丽)
CMP	动补关系	做完了作业 (做→完)

依存关系	解释	示例
COO	并列关系	大山和大海 (大山→大海)
POB	介宾关系	在贸易区内 (在→内)
LAD	左附加关系	大山和大海 (和←大海)
RAD	右附加关系	孩子们 (孩子→们)
IS	独立结构	独立的两个单句
WP	标点	，
HED	核心关系	标注整个句子的核心谓语

2. 电力事件识别

电力事件识别使用了触发词词典的方式进行匹配。该部分包含两个词典：一个是事件核心词典，另一个是事件相关词典。前者包含描述了事件本身的词语，即必须包含该词典内的词语才会被判定为电力系统相关事件；后者包含电力系统安全事件相关的词语，包含这些词语则说明有可能描述了一个电力事件。表 5-3 列出了两个词典的部分基本内容。

表 5-3　电力系统事件关键词

事件核心词典(部分)	事件相关词典(部分)
发电　遥测　损耗　破坏　盗取　遥感　维修　监控 配送　监测　接入　利用　建设　部署　控制　调控……	倾覆　瘫痪　风险　作业　发送 断电　高压　高温　高热　老化 线损流失……

事件核心词典中包含的词语均为动词性词汇，但是由于汉语的词性有时并不是那么严格，有可能出现同一个词需要根据语境来判断词性的现象，因而我们需要结合词性标注的结果进行分析，只有词性为动词的事件核心词才会被考虑。

与此同时，我们减少了对于远离句子核心部分的词语的考量。考虑到当一个关键词出现在距离句子核心部分较远的地方时，很有可能此时句子所要表达的内容并不体现在关键词上，因而不能将此时出现的关键词作为事件判断的标志。我们通过依存距离来表示词语之间在语法结构上的距离，依存距离指的是两个词语在依存树上的距离，也就是依存路径的跳数。事件相关词典中的词语只用于事件的辅助判断，其要求相对事件核心词典较为宽松，只要在句子中出现即可。

3. 电力实体抽取

采用自上而下的方式构建电力知识图谱,因而需要先定义好知识图谱的架构。

首先, 使用 jieba 分词工具对搜集的电力数据进行词语切分并去掉停用词、感情词等; 其次, 将剩余的词语构建词向量; 最后使用 K-Nearest Neighbors(KNN) 对词语进行分类, 其计算过程如算法 5-1 所示。

算法 5-1　KNN Training

Input: Training texts ts.
Output: classifier K.
1: Initialize the classifier $K : K = \phi$
2: FOR Each text $t \in$ ts DO
3:　　FOR Each word, label pair$(w, c) \in t$ DO
4:　　Get the feature vector $w : w = \text{reprw}(w, t)$
5:　　Add the w and c pair to the classifier: $K = K \bigcup \{(w, c)\}$
6:　　END FOR
7: END FOR
8: RETURN KNN classifier K

算法 5-1 为半监督学习方式, 最终得到的电力系统知识图谱架构定义, 如图 5-11 所示。

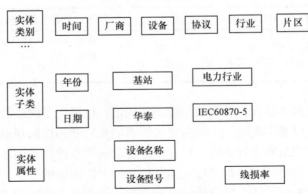

图 5-11　电力系统知识图谱架构定义

对于结构化数据, 我们可以直接按照定义好的实体类别使用正则匹配的方式进行实体的抽取。对于从设备选型中获取到的设备数据, 其在数据库中以结构化的方式存储, 可以直接将一条设备信息作为一个设备实体。

对于非结构化的数据, 我们使用了 Stanford CoreNLP 工具对英文文本进行处理, 使用哈尔滨工业大学的 LTP 工具对中文文本进行处理。Stanford CoreNLP 工具中的 NER 模块使用了条件随机场(conditional random field，CRF)模型进行命名实体的识别。CRF 是一种以给定的输入节点值为条件来预测输出节点值概率的无向图模型。用于模拟序列数据标注的 CRF 是一个简单的链图或线图。图 5-12 所示是一种最简单且最重要的 CRF，称为线链 CRF。线链 CRF 假设在各个输出节点之间存在一阶马尔可夫独立性，其输出节点被无向边连接成一条线性链。

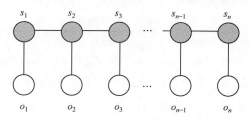

图 5-12　线链 CRF 的图形结构

设 $O = \{o_1, o_2, \cdots, o_T\}$ 表示被观察的输入数据序列，如头部信息的词序列 $S = \{s_1, s_2, \cdots, s_T\}$ 表示被预测的状态序列，每一个状态均与一个标记(如标题等)相关联。这样，在一个输入序列给定的情况下，对于参数为 $\{l_1, l_2, \cdots, l_T\}$ 的线链 CRF，其状态序列的条件概率为

$$P_\triangle(S \mid O) = \frac{1}{Z_o} \left[\sum_{t=1}^{T} \sum_{k=1}^{K} l_k f_k(s_{t-1}, s_t, o, t) \right] \tag{5-1}$$

其中，归一化因子确保所有可能的状态序列的条件概率和为 1，是所有可能的状态序列的"得分"之和。

给定一个由式(5-1)定义的条件随机场模型，在已知输入数据序列 O 的情况下，最可能的标记序列可以由式(5-2)给出：

$$S^* = \arg\max P_\triangle(S \mid O) \tag{5-2}$$

通过类似于隐马尔可夫模型(hidden Markov model，HMM)中的维特比算法动态规划求出。而状态转移概率的计算也可以用类似于 HMM 的前向后向算法求得。

使用训练好的命名实体识别模型在未标注的数据上进行分词和命名实体的识别，能够自动抽取到一些粗粒度的实体。在获取到这些粗粒度的实体后，使用 Word2Vec 工具将实体名转化为词向量，并手工筛选出少量与电力设备高度相关的实体，通过这些已知高度相关实体的词向量，计算其他实体的词向量与这些词向量的距离的均值，不断迭代从而选取更多的高度相关实体。

4. 关系抽取

1) 结构化抽取

对于结构化数据，可以直接按照定义的实体关系类别进行抽取，其中不仅包括实体间的关系，也包括部分实体的属性。例如，设备与厂商之间的关系，我们通过设备信息中的厂商字段即可建立两者之间的关系；又如，设备与协议之间的关系，通过字符串的分割和匹配，从文本中提取设备所使用的协议，并将设备实体与对应的协议实体建立关系；再如，电塔与故障之间的关系，通过维修信息报告中的描述，可以抽取某个电塔发生过哪些故障，抽取方式如算法 5-2 所示。

算法 5-2　关系抽取

1. Select a positive training triplet t_i at random.
2. Select at random either constraint type(1)or(2).if we chose the first constraint we select an entity $e^{\mathrm{neg}} \in \{1, \cdots, D_e\}$ at random and construct a negative training triplet $t^{\mathrm{neg}} \in \{e^{\mathrm{neg}}, T, e_i^r\}$ otherwise we construct $t^{\mathrm{neg}} \in \{e_i^l, T, e^{\mathrm{neg}}\}$ instead.
3. If $f(x_i) > f(x^{\mathrm{neg}}) - 1$ then make a gradient step to minimize $\max(1 - f(x^{\mathrm{neg}}) + f(x_i))$.
4. Enforce the constraint that each column $\|E_i\| = 1$.

2) 非结构化抽取

对于非结构化数据，采用基于深度卷积神经网络的实体关系抽取方法，其大致过程如图 5-13 所示。

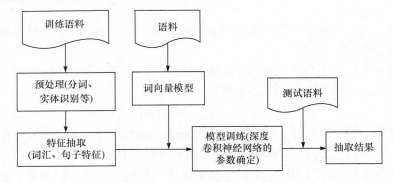

图 5-13　实体关系分类方法流程

首先使用 Google 开源的 Word2Vec 工具将实体进行向量化处理，将实体转化为词向量，其次在特征选择方面，使用词汇特征加句子特征作为基本的特征，即将词汇特征表示成向量的形式，然后利用句子特征进行卷积计算，最终将两种特征进行线性组合，作为最终的特征向量，用于训练分类模型。

传统的词汇特征主要包括实体本身、实体对之间的词、实体前后的词等，选择标注实体的词向量和实体的上下文信息向量作为词汇层次的特征，具体的特征表如表 5-4 所示。

表 5-4　词汇层次特征表

特征序号	特征表示	特征含义
1	E1	第一个实体
2	E2	第二个实体
3	E1–2	实体 1 前面的第二个词
4	E1–1	实体 1 前面的第一个词
5	E1+1	实体 1 后面的第一个词
6	E1+2	实体 1 后面的第二个词
7	E2–2	实体 2 前面的第二个词
8	E2–1	实体 2 前面的第一个词
9	E2+1	实体 2 后面的第一个词
10	E2+2	实体 2 后面的第二个词

激活函数采用 sigmoid 函数，参数更新采用梯度下降法。最终的特征向量 v 利用词汇层特征和句子层特征进行线性组合融合而成，并采用 softmax 函数作为分类器：

$$P = \text{softmax}(W_v) \tag{5-3}$$

其中，W_v 是转移矩阵；P 是神经网络的输出向量，P 的维数即定义的领域实体关系类别数。

5. 实体消歧

系统中所用到的命名实体消歧算法，本质上是一个分类问题。对每一个待消歧的实体项 e，其候选实体集合为 $E = \{e_1, e_2, \cdots, e_m\}$。实体消歧的过程其实就是将待消歧的实体 e 链接到 E 中某个实体的过程，即将 e 划分为 E 中某个类别的过程(图 5-14)，具体所使用的算法流程如下。

(1) 首先根据原始词语 W，查询词向量表，得到每一个词的词向量 V_w，$V_w = L_w \times i_w$，其中，$L_w = R^{d_w \times |v|}$ 是词向量查找表，d_w 是词向量的维度，$|v|$ 是词典的大小；$i_w \in R^{d_w \times |v|}$ 是指示向量，除了位 W 是 1 之外，其余的位全为 0。

(2) 根据待消歧实体 e 的上下文词语的词向量，构建 e 的词向量矩阵 $\text{in}_{\text{conv}} = \{v_1, v_2, \cdots, v_k\}$，其中，$\text{in}_{\text{conv}} \in R^{K \cdot d_w}$，$K$ 是待消歧实体 e 上下文窗口的大小。

(3) 将词向量矩阵输入卷积神经网络 conv，得到输出为

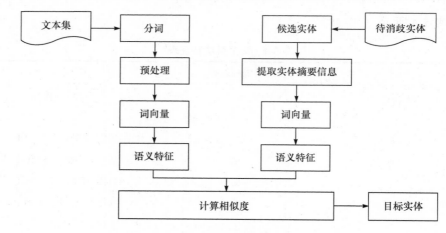

图 5-14　基于卷积神经网络的消歧方法流程

$$O_{\text{conv}} = W_{\text{conv}} \cdot \text{in}_{\text{conv}} + b_{\text{conv}} \qquad (5\text{-}4)$$

其中，$W_{\text{conv}} \in R^{\text{hl} \times K \cdot d_w}$；$b_{\text{conv}} \in R^{\text{hl}}$；hl 是卷积层输出的向量的长度。

(4) 将卷积层的输出 O_{conv} 输入全链接层 HiddenLayer，得到实体表示为

$$V_{\text{context}} = W_{\text{hidden}} \cdot O_{\text{conv}} + b_{\text{hidden}} \qquad (5\text{-}5)$$

其中，$W_{\text{hidden}} \in R^{h \times k \cdot \text{num}_f}$；$b_{\text{hidden}} \in R^h$；$h$ 是全链接层输出的向量的长度；num_f 是神经网络中的特征图的数量。

(5) 计算候选实体集合 E 所有候选实体的语义表示，得到集合 V 为

$$V = \{V_1, V_2, \cdots, V_m\} \qquad (5\text{-}6)$$

(6) 计算 V_{context} 与目标实体 E 中所有实体的余弦相似度，输出相似度最大的实体作为最终的目标实体 e。

这里，使用 Word2Vec 模型对中文维基百科训练得到词向量，其中每个词向量的维度是 200。实体上下文的窗口设定为 10，即保留待消歧实体的前 5 个词语和后 5 个词语。在神经网络训练的过程中采用宽卷积的方式，在得到包括待消歧实体在内的 11 个词语后，在两侧进行零填充，如果上下文的文本不足 10 个词，也进行零填充。

在超参数的设置方面，我们在卷积神经网络中使用了 200 个卷积核，卷积核的宽度为 200，使用双曲正切函数作为激活函数，同时每个神经元的初始权重平均分布。

6. 知识推理

知识推理[23]方法主要可分为基于逻辑的推理和基于图的推理两种类型。基于

逻辑的推理方式主要包括一阶谓词逻辑、描述逻辑以及规则等。基于图的推理主要是利用关系路径中的蕴含信息，通过图中两个实体间存在的多步路径来预测它们之间的语义关系。即从源节点开始，在图上根据路径建模算法进行游走，如果能够到达目标节点，则推测源节点和目标节点之间存在联系。

张量分解算法[24]是将整个知识图谱看作一个大的张量，通过张量分解技术分解成多个小的张量片，即将高维的知识图谱进行降维处理，大幅度减少计算时的数据规模，本系统采用路径张量分解算法来实现工控知识推理，为了便于表示，基于路径张量分解的推理算法过程描述如下。对于给定知识图谱 G，其中三元组集合为 $T = \{T_1, T_2, \cdots, T_n\}$，即 $T \subseteq G$，通过将其嵌入转换到低维向量空间，得到训练数据集 $S = \{S_1, S_2, \cdots, S_n\}$，其中 $S_i = \{h_i, r_i, \cdots, t_i\}$。在低维向量空间中，通过 PRA 获得实体之间的路径 $P = \{r_1, r_2, \cdots, r_t\}$，然后构建基于路径张量分解的模型函数 $f(h, r^{(P)}, t)$，最后利用该函数模型进行实体链接预测和有关路径问题的回答。

在含有 n 个实体和 m 个关系的知识图谱 G 中，可以使用一个三阶张量 $X_{n \times n \times m}$ 表示，如果实体与实体之间存在某种关系 k，可以使用张量的第 k 层 X_k 表示。通过分解，第 k 层的张量近似表示为

$$X_k \approx AR_k A^{\mathrm{T}}, \quad k = 1, 2, \cdots, m \tag{5-7}$$

其中，A 为 $n \times d$ 的矩阵；d 为每个实体具有的特征，矩阵中的每行表示一个实体；R_k 为 $d \times d$ 的矩阵，表示实体与实体之间的第 k 种关系。如果实体 e_i 和 e_j 存在关系 k，则 $X_{ijk} = 1$，否则 $X_{ijk} = 0$。具体分解原理如图 5-15 所示，因此，整个张量的分解问题可以转化为如下优化问题：

$$\min_{A, R_k} \sum_{k=1}^{m} \| X_k - AR_k A^{\mathrm{T}} \|^2 \tag{5-8}$$

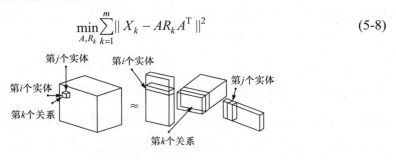

图 5-15　张量分解模型

在知识图谱中，如果存在三元组：$(h, \mathrm{BornInCity}, e_1)$、$(e_1, \mathrm{CityInState}, e_2)$、$(e_2, \mathrm{StateInCountry}, t)$，通过关系路径传递，推出实体 h 和 t 之间可能存在三元组 $(h, \mathrm{Nationality}, e_1)$，为了能够获得知识图谱中实体间的关系路径，本系统采用 PRA 进行实体间关系路径的获取。PRA 将知识图谱视为图形(以实体为节点，以关系或属性为边)，从源节点(头实体)开始，在图上执行随机游走，如果能够通过一个

路径到达目标节点(尾实体)，推测源节点和目的节点间可能存在关系。因此，通过 PRA 可以获得知识图谱中实体 e_i 和实体 e_j 之间存在路径 $P=(r_1,r_2,\cdots,r_t)$，即 $e_i r_1 e_{i+1} r_2 \cdots e_{i+t-1} r_t e_j$。

在含有 n 个实体和 m 个关系的知识图谱 G 中，对于给定三元组 (e_i,r_k,e_j)，其中向量 x_{e_i} 和 x_{e_j} 分别表示实体 e_i 和 e_j，而关系矩阵 R_k 表示关系 r_k，即 $x_{e_i} \in R^d$，$x_{e_j} \in R^d, R_k \in R^{d \times d}, i=1,2,\cdots,n, j=1,2,\cdots,n, k=1,2,\cdots,m$，$R$ 表示将实体和关系嵌入低维向量空间，d 表示向量空间的维数，利用三阶张量分解原理，计算其分解函数为

$$f(e_i,r_k,e_j)=x_{e_i}^{\mathrm{T}} R_k x_{e_j} \tag{5-9}$$

式(5-9)只考虑 e_i 和 e_j 直接关联的关系 r_k，即实体 e_i 和 e_j 间的关系路径长度为 1，却并未充分利用知识图谱图形结构的特点，考虑实体间的路径关系及关系的传递性。为了能有效挖掘知识图谱中实体间新的关系，本系统采用基于路径张量分解的推理算法，假设在知识图谱中，存在 2 个三元组 (e_h,r_1,e_1) 和 (e_1,r_2,e_t)，即第一个三元组的尾实体和第二个三元组的头实体一致，而 e_h 之间的关系路径为 $r_1 r_2$，即路径长度为 2，路径张量分解函数：

$$f(e_i,r_k,e_j)=x_{e_i}^{\mathrm{T}} R_1 R_2 x_{e_j} \tag{5-10}$$

其中，x_{e_i} 和 x_{e_j} 表示实体 i 和 j 的向量矩阵；R_1 和 R_2 表示关系 r_1 和 r_2 的关系矩阵。为了使路径张量分解更具一般性和广泛性，选用上述得到实体间的关系路径扩展模型。如果实体 e_i 和实体 e_j 之间存在路径 $P=(r_1,r_2,\cdots,r_t)$，即 $e_i r_1 e_i + r_2 \cdots e_{i+t-1} r_t e_j$，则

$$f(e_i,r_k,e_j)=x_{e_i}^{\mathrm{T}} R_k^{(P)} x_{e_j}=x_{e_i}^{\mathrm{T}} R_k^{(r_1)} R_k^{(r_2)} \cdots R_k^{(r_t)} x_{e_j} \tag{5-11}$$

其中，x_{e_i} 和 x_{e_j} 表示在这个路径中的起始实体 e_i 和终点实体 e_j 在低维向量空间的向量；$R_k^{(r_i)}(i=1,2,\cdots,t,t \leqslant n)$ 表示关系 r_i 通过计算实体向量 $x_{e_i}^{\mathrm{T}}$ 和关系矩阵 $R_k^{(r_i)}$ 的乘积获得一个新的矩阵，表示通过实体和关系矩阵 $P_k^{(r_i)}$ 的乘积获得一个新的矩阵，表示实体 e_i 和关系矩阵 r_1 的乘积，也可表示实体 e_i 通过关系 r_1 到达另一个实体，整个路径推理过程重复上述步骤，直到实体 e_j 为止。

为了避免在训练过程中出现因模型过度拟合而失去鲁棒性，需要修正与优化算法，具体修正优化如下：

$$\min_{\{e\},\{R_k\}} \sum_k \sum_i \sum_j \| x_{ijk} - x_{e_i}^{\mathrm{T}} R_k^{(P)} x_{e_j} \|^2 + \lambda \left(\sum_i \| e_i \|^2 + \sum_i \| R_k^{(P)} \|^2 \right) \tag{5-12}$$

其中，$\dfrac{f(e_i, r_k, e_j)}{\|x\|^2}$ 表示整个张量在路径分解过程中的损失函数模型，其规范项为

X_{ijk}。如果在知识图谱中存在三元组 (e_i, r_k, e_j)，则 $x_{ijk} = 1$，否则 $x_{ijk} = 0$，$x_{e_i}^{\mathrm{T}} R_k^{(P)} x_e$

表示在路径上矩阵张量的分解，$\lambda\left(\sum\limits_i \|e_i\|^2 + \sum\limits_i \|R_k^{(P)}\|^2\right)$ 表示为了避免模型过度拟

合引入的修正过程，其中 λ 为修正参数，$\lambda \geqslant 0$，括号内是对实体和关系进行规

范化的过程。

在训练过程中，为了使优化模型尽快收敛，需要更新实体矩阵 E 和关系矩阵

$R_k^{(P)}$，在更新实体矩阵和关系矩阵时，采用交替最小二乘法，即先固定 $R_k^{(P)}$，更

新 E，再固定 E，更新 $R_k^{(P)}$，更新如下：

$$E \leftarrow \left[\sum_{k=1}^{m} X_k E R_k^{(P)\mathrm{T}} + X_k^{\mathrm{T}} E R_k^{(P)}\right] \cdot \left[\sum_{k=1}^{m} R_k^{(P)} E^{\mathrm{T}} R_k^{(P)\mathrm{T}} + R_k^{(P)\mathrm{T}} E^{\mathrm{T}} R_k^{(P)} + \lambda I\right]^{-1} \tag{5-13}$$

$$R_k^{(P)} \leftarrow (Z^{\mathrm{T}} Z + \lambda_R I)^{-1} Z^{\mathrm{T}} \mathrm{vec}(X_{ijk}) \tag{5-14}$$

其中，$Z = E \otimes E$，整个更新过程直到 $\dfrac{f(e_i, r_k, e_j)}{\|x\|^2}$ 收敛于某个值或者达到迭代的最

大次数。

算法的重点在于利用 PRA 计算知识图谱中每个实体对间的关系实体路径，通过对任意一个头实体利用随机游走策略，达到尾实体，组成头尾实体的候选实体间关系，然后利用张量分解技术计算每个路径上的损失函数值，以此预测知识图谱中新的实体关系，丰富和扩展知识图谱，以达到电力知识自主学习的目的。

第 6 章　电力大数据分析与挖掘

6.1　电力大数据分析流程

电力大数据分析的流程分为下面六个步骤。

(1) 业务理解[25,26]。最初的阶段集中在理解项目目标和从业务的角度理解需求，同时将业务知识转化为数据分析问题的定义和实现目标的初步计划上。

(2) 数据理解。数据理解阶段从初始的数据收集开始，对数据进行初步处理，目的是熟悉数据，识别数据的质量问题。

(3) 数据准备。数据准备阶段包括从未处理数据中构造最终数据集的所有活动。这些数据将是模型工具的输入值。这个阶段的任务有的能执行多次，没有任何规定的顺序，任务包括表、记录和属性的选择，以及为模型工具转换和清洗数据[27]。

(4) 建模[28]。在这个阶段，可以选择和应用不同的模型技术，模型参数被调整到最佳的数值。有些技术可以解决一类相同的数据分析问题；有些技术在数据形成上有特殊要求，因此需要经常跳回到数据准备阶段。

(5) 评估。在这个阶段，已经从数据分析的角度建立了一个高质量显示的模型。在最后部署模型之前，重要的事情是彻底地评估模型，检查构造模型的步骤，确保模型可以完成业务目标。这个阶段的关键目的是确定是否有重要业务问题没有被充分考虑。在这个阶段结束后，必须达成一个数据分析结果使用的决定。

(6) 部署。模型的创建不是项目的结束，模型的作用是从数据中找到知识，获得的知识需要以便于用户使用的方式重新组织和展现。根据需求，这个阶段可以产生简单的报告，或是实现一个比较复杂的、可重复的数据分析过程[29]。

大数据分析不是简单数据分析的延伸。大数据规模大、更新速度快、来源多样等性质为大数据分析带来了一系列挑战。

(1) 可扩展性。由于大数据的特点之一是规模大，利用大规模数据可以发现诸多新知识，所以大数据分析需要考虑的首要任务之一就是使分析算法能够支持大规模数据，在大规模数据上能够在应用所要求的时间约束内得到结果。

(2) 可用性。大数据分析的结果应用到实际中的前提是分析结果可用，这里"可用"有两个方面的含义：一方面，需要结果具有高质量，如结果完整、符合现实的语义约束等；另一方面，需要结果的形式适用于实际的应用。对结果可用性的要求为大数据分析算法带来了挑战，所谓"垃圾进，垃圾出"，高质量的分析结果需要高质量的数据；结果形式的高可用性需要高可用分析模型的设计。

（3）领域知识的结合。大数据分析通常和具体领域密切结合，因而大数据分析的过程很自然地需要和领域知识相结合。这为大数据分析方法的设计带来了挑战：一方面，领域知识具有的多样性以及领域知识的结合导致相应大数据分析方法的多样性，需要与领域相适应的大数据分析方法；另一方面，对领域知识提出了新的要求，需要领域知识的内容和表示适用于大数据分析的过程。

（4）结果检验。有一些应用需要高可靠性的分析结果，否则会带来灾难性的后果。因而，大数据分析结果需要经过一定检验才可以真正应用。结果的检验建立在对大数据分析结果需求的建模和检验的基础之上。

6.2　电力大数据分析框架

电力大数据最突出的一个特点就是数据规模巨大，在单机条件下无法处理，所以公司必须依据业务需求和大数据分析平台建设要求构建分布式、可扩展、高性能的分布式大数据分析平台。权衡业务实时性需求和系统易用性等因素，公司选用基于 Hadoop 平台的 Kappa 大数据分析架构，满足公司绝大多数实时业务处理需求。

电力大数据具有很强的时效性，大多数业务需要系统实时返回计算结果；同时，通过深入调研大数据常用处理架构 Lambda 和 Kappa 的优缺点，结合公司自身业务需求，最终选择使用 Kappa 架构作为电网大数据分析处理架构，Kappa 架构图如图 6-1 所示。

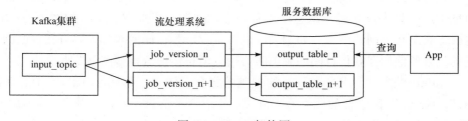

图 6-1　Kappa 架构图

与 Lambda 架构相比，Kappa 架构的优势如下。

（1）Lambda 架构不仅需要维护两套分别运行在批处理和流处理的代码，同时需要批处理和全量计算长时间保持运行，而 Kappa 架构只有在需要的时候进行全量计算。

（2）Kappa 架构下可以启动很多个实例进行重复计算，因此在需要对一些算法模型进行调优时，Kappa 架构下只需要更改一套系统的参数即可，并且允许对新老数据进行效果比对；但是在 Lambda 架构下，需要同时更改流计算系统算法模型和批处理系统算法模型，调参过程相对比较复杂。

(3) 从用户开发、测试和运维的角度来看，在 Kappa 架构下，开发人员只需要面对一个框架，开发、测试和运维的难度都相对较小，这是一个非常重要的优点。

1. Kafka

在海量的电力数据中，为了提高数据传递效率，必须借助消息系统，Kafka 专为分布式高吞吐量系统而设计，它具有内置分区、复制和固有的容错能力，使得它非常适用于有大规模消息产生的应用程序。

消息系统[30]负责将数据从一个应用程序传输到另一个应用程序，因此应用程序可以专注于数据，但不担心如何共享它。分布式消息传递基于可靠消息队列的概念。消息在客户端应用程序和消息传递系统之间异步排队。有两种类型的消息模式可用：一种是点对点消息系统，另一种是发布-订阅(pub-sub)消息系统。

1) 点对点消息系统

在点对点消息系统[31]中，消息被保留在队列中。一个或多个消费者可以消耗队列中的消息，但是特定消息最多只能由一个消费者消费。一旦消费者读取队列中的消息，它就从该队列中消失。该系统的典型示例是订单处理系统，其中每个订单将由一个订单处理器处理，但多个订单处理器也可以同时工作。

2) 发布-订阅消息系统

在发布-订阅消息系统[32]中，消息被保留在主题中。与点对点消息系统不同，消费者可以订阅一个或多个主题并使用该主题中的所有消息。在发布-订阅系统中，消息生产者称为发布者，消息使用者称为订阅者。一个现实生活的例子是 Dish 电视，它发布不同的渠道，如运动、电影、音乐等，任何人都可以订阅自己的频道集，并使他们在获得订阅的频道时可用，消息传递流程如图 6-2 所示。

Kafka[33]是一个或多个分区的主题的集合，图 6-3 展示了 Kafka 生态系统图。Kafka 分区是消息的线性有序序列，其中每个消息由它们的索引(称为偏移)来标识。Kafka 集群中的所有数据都是不相连的分区联合。传入消息写在分区的末尾，消息由消费者顺序读取。通过将消息复制到不同的代理提供持久性。

Kafka 以快速、可靠、持久、容错和零停机的方式提供基于发布-订阅和队列的消息系统。在这两种情况下，生产者只需将消息发送到主题，消费者可以根据自己的需要选择任何一种类型的消息传递系统。

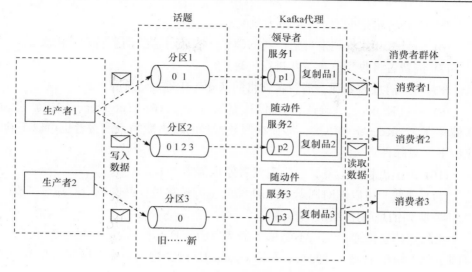

图 6-2 生产者与消费者消息传递

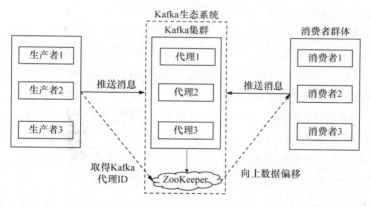

图 6-3 Kafka 生态系统图

3) 发布-订阅消息的工作流程

以下是发布-订阅消息的逐步工作流程。

(1) 生产者定期向主题发送消息。

(2) Kafka 代理存储为该特定主题配置的分区中的所有消息。它确保消息在分区之间平等共享。如果生产者发送两个消息并且有两个分区，Kafka 将在第一分区中存储第一个消息，在第二分区中存储第二个消息。

(3) 消费者订阅特定主题。

(4) 一旦消费者订阅主题，Kafka 将向消费者提供主题的当前偏移，并且还将偏移保存在 ZooKeeper 系统中。

(5) 消费者将定期请求 Kafka(如 100ms)新消息。

(6) 一旦 Kafka 收到来自生产者的消息，它就将这些消息转发给消费者。

(7) 消费者将收到消息，并进行处理。

(8) 一旦消息被处理，消费者就将向 Kafka 代理发送确认。

(9) 一旦 Kafka 收到确认，它将偏移更改为新值，并在 ZooKeeper 中更新它。由于偏移在 ZooKeeper 中维护，即使在服务器暴力攻击期间，消费者也可以正确地读取下一封邮件。

(10) 以上流程将重复，直到消费者停止请求。

(11) 消费者可以随时回退/跳到所需的主题偏移量，并阅读所有后续消息。

4) 队列消息/用户组的工作流

在队列消息传递系统而不是单个消费者中，具有相同组 ID 的一组消费者将订阅主题。简单来说，订阅具有相同 Group ID 的主题的消费者被认为是单个组，并且消息在它们之间共享。让我们检查这个系统的实际工作流程。

(1) 生产者以固定间隔向某个主题发送消息。

(2) Kafka 存储为该特定主题配置的分区中的所有消息，类似于前面的方案。

(3) 单个消费者订阅特定主题，假设 Topic-01 的 Group ID 为 Group-1 。

(4) Kafka 以与发布-订阅消息相同的方式与消费者交互，直到新消费者以相同的 Group ID 订阅相同主题 Topic-01。

(5) 一旦新消费者到达，Kafka 将其操作切换到共享模式，并在两个消费者之间共享数据。此共享将继续，直到用户数达到为该特定主题配置的分区数。

(6) 一旦消费者的数量超过分区的数量，新消费者将不再接收任何进一步的消息，直到现有消费者取消订阅任何一个消费者。出现这种情况是因为 Kafka 中的每个消费者将被分配至少一个分区，并且一旦所有分区被分配给现有消费者，新消费者必须等待。

(7) 此功能也称为使用者组。同样，Kafka 将以非常简单和高效的方式提供两个系统中最好的系统。

2. ZooKeeper

Kafka 的一个关键依赖是 ZooKeeper，它是一个分布式配置和同步服务。ZooKeeper[34]是 Kafka 代理和消费者之间的协调接口，Kafka 服务器通过 ZooKeeper 集群共享信息。由于所有关键信息存储在 ZooKeeper 中，并且它通常在其整体上复制此数据，所以 Kafka 代理/ZooKeeper 的故障不会影响 Kafka 集群的状态。Kafka 将恢复状态，一旦 ZooKeeper 重新启动，就为 Kafka 带来了零停机时间。Kafka

代理之间的领导者选举也通过使用 ZooKeeper 在领导者失败的情况下完成。

ZooKeeper 是一种分布式协调服务，用于管理大型主机。在分布式环境中协调和管理服务是一个复杂的过程。ZooKeeper 通过其简单的架构和 API 解决了这个问题。ZooKeeper 允许开发人员专注于核心应用程序逻辑，而不必担心应用程序的分布式特性。

1) 分布式应用

分布式应用可以在给定时间(同时)在网络中的多个系统上运行，通过协调它们以快速有效的方式完成特定任务。通常来说，对于复杂而耗时的任务，非分布式应用(运行在单个系统中)需要几个小时才能完成，而分布式应用通过使用所有系统涉及的计算能力可以在几分钟内完成。

通过将分布式应用配置为在更多系统上运行，可以进一步减少完成任务的时间。分布式应用正在运行的一组系统称为集群，而在集群中运行的每台机器被称为节点。

分布式应用有两部分：Server(服务器)和 Client(客户端)应用程序。服务器应用程序实际上是分布式的，并具有通用接口，以便客户端可以连接到集群中的任何服务器并获得相同的结果。客户端应用程序是与分布式应用进行交互的工具，ZooKeeper 通信架构如图 6-4 所示。

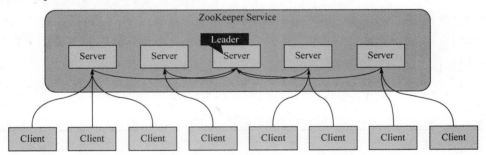

图 6-4　ZooKeeper 通信架构

2) 分布式应用的优点

(1) 可靠性。单个或几个系统的故障不会使整个系统出现故障。

(2) 可扩展性。可以在需要时增加性能，通过添加更多机器，在应用程序配置中进行微小的更改，而不会有停机时间。

(3) 透明性。隐藏系统的复杂性，并将其显示为单个实体/应用程序。

ZooKeeper 是由集群(节点组)使用的一种服务，用于在自身之间协调，并通过稳健的同步技术维护共享数据，图 6-5 展示了 ZooKeeper 架构图。

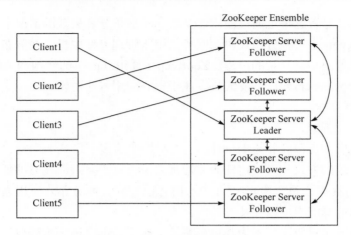

图 6-5　ZooKeeper 架构图

表 6-1 描述了 ZooKeeper 的客户端-服务器架构。

表 6-1　客户端-服务器架构概览表

部分	描述
Client	客户端，分布式应用集群中的一个节点，从服务器访问信息。对于特定的时间间隔，每个客户端向服务器发送消息以使服务器知道客户端是活跃的 类似地，当客户端连接时，服务器发送确认码。如果连接的服务器没有响应，客户端会自动将消息重定向到另一个服务器
Server	服务器，ZooKeeper 总体中的一个节点，为客户端提供所有的服务。向客户端发送确认码以告知服务器是活跃的
Ensemble	ZooKeeper 服务器组。形成 Ensemble 所需的最小节点数为 3
Leader	服务器节点，如果任何连接的节点失败，则执行自动恢复。Leader 在服务启动时被选举
Follower	跟随 Leader 指令的服务器节点

3. 分层命名空间

(1) 临时节点-客户端活跃时，临时节点就是有效的。当客户端与 ZooKeeper 集合断开连接时，临时节点会自动删除。因此，只允许有临时节点，不允许有子节点。如果临时节点被删除，则下一个合适的节点将填充其位置。临时节点在 Leader 选举中起着重要作用。

(2) 顺序节点-顺序节点可以是持久的或临时的。当一个新的 znode 被创建为一个顺序节点时，ZooKeeper 通过将 10 位的序列号附加到原始名称来设置 znode 的路径。例如，如果将具有路径/myapp 的 znode 创建为顺序节点，则 ZooKeeper 会将路径更改为/myapp0000000001，并将下一个序列号设置为 0000000002。如果两个顺序节点是同时创建的,那么ZooKeeper不会对每个znode使用相同的数字。顺序节点在锁定和同步中起重要作用。

4. Sessions(会话)

会话对于 ZooKeeper 的操作非常重要。会话中的请求按先进先出(first input first output,FIFO)顺序执行,一旦客户端连接到服务器,将建立会话并向客户端分配会话 ID。客户端以特定的时间间隔发送心跳以保持会话有效。如果 ZooKeeper 集合在超过服务器开启指定的时间时都不会从客户端接收到心跳,则它会判定客户端死机。会话超时通常以毫秒为单位,当会话由于任何原因结束时,在该会话期间创建的临时节点也会被删除。

5. Watches(监视)

Watches[34]是一种简单的机制,使客户端收到关于 ZooKeeper 集合中的更改的通知。客户端可以在读取特定 znode 时设置 Watches。Watches 会向注册的客户端发送任何 znode(客户端注册表)更改的通知。znode 更改是与 znode 相关的数据的修改或 znode 的子项中的更改,只触发一次 Watches。如果客户端想要再次通知,则必须通过另一个读取操作来完成;当连接会话过期时,客户端将与服务器断开连接,相关的 Watches 也将被删除。

6. ZooKeeper 工作流

图 6-6 展示了 ZooKeeper 的工作流程图,一旦 ZooKeeper 集群启动,它将等待客户端连接。客户端将连接到 ZooKeeper 集群中的一个节点,它可以是 Leader

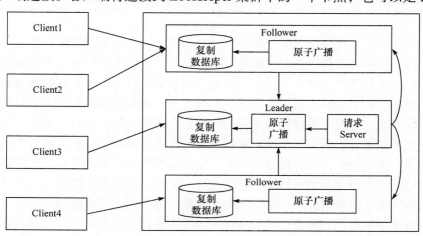

图 6-6 ZooKeeper 工作流程图

或 Follower 节点。一旦客户端(Client)被连接，节点将向特定客户端分配会话 ID，并向该客户端发送确认。如果客户端没有收到确认，它将尝试连接 ZooKeeper 集合中的另一个节点。一旦连接到节点，客户端将以有规律的间隔向节点发送心跳，以确保连接不会丢失。

(1) 如果客户端想要读取特定的 znode，它将会向具有 znode 路径的节点发送读取请求，并且节点从自己的数据库返回所请求的 znode。因此，在 ZooKeeper 集合中读取速度很快。

(2) 如果客户端想要将数据存储在 ZooKeeper 集合中，则会将 znode 路径和数据发送到服务器。连接的服务器将该请求转发给 Leader，然后 Leader 将向所有的 Follower 重新发出写入请求。如果大部分节点成功响应，而写入请求成功，则成功返回代码将被发送到客户端，否则，写入请求失败。

Leader-Follower 功能概览表如表 6-2 所示。

表 6-2 Leader-Follower 功能概览表

组件	描述
写入(write)	写入过程由 Leader 节点处理。Leader 将写入请求转发到所有 znode，并等待 znode 的回复。如果一半的 znode 回复，则写入过程完成
读取(read)	读取由特定连接的 znode 在内部执行，因此不需要与集群进行交互
复制数据库(replicated database)	它用于在 ZooKeeper 中存储数据。每个 znode 都有自己的数据库，每个 znode 在一致性的帮助下每次都有相同的数据
Leader	Leader 是负责处理写入请求的 znode
Follower	Follower 从客户端接收写入请求，并将它们转发到 Leader znode
请求 Server	只存在于 Leader 节点。它管理来自 Follower 节点的写入请求
原子广播	负责广播从 Leader 节点到 Follower 节点的变化

电网是一个现代化城市的重要组成部分，经济社会的发展与城市建设均要求电力先行。作为城市最重要的市政公用基础设施之一的电网，担负着为城市正常运转提供能源的责任，可以说"电"是城市的命脉。目前，大数据的研究和应用随着全球化进程的加快以及世界领域科学技术水平的提高而逐渐进入炽热发展阶段。与此同时，我国电网数据信息化的应用已然达到了前所未有的地步。随着运营水平的不断提升以及电网系统不断智能化的实现，电网信息平台所承载的数据信息量将会越来越多。在这种情况下，供电企业挖掘数据资产价值，是促进企业管理变革，实现电网系统智能化、自动化、实时化，适应电力体制改革的必由之路，对电网企业的规模扩大、电能资源的质量提高有着不可或缺的作用。建议在遵循大数据全生命周期管理以及信息化建设等客观规律的基础上，合理规划，高效推进，力争早出成效，做到站点布局合理，网络安全可靠，为公司把握时代脉搏、加快发展提供有力支撑。

6.3　电力大数据挖掘

6.3.1　数据挖掘技术

数据挖掘是大数据技术的典型代表，数据挖掘技术包括数据整理、变换、挖掘、评估和认知等多项内容，直接从电力数据的根本出发，全面了解电力数据的内容。电力行业中的数据挖掘技术可以汇总所有数据并实现数据共享，确保电力行业能够适应大数据时代。数据挖掘技术在电力行业中，逐层分析数据信息，挖掘电力数据的价值，掌握电力数据的运行规律，并在此基础上分析电力行业的运营方向。

数据挖掘技术在信息化的状态下处理电力数据，获取电力数据后就要全面、严密地加工，保存电力行业有用的数据，根据数据分析出电力行业在市场中的优势，进而制定未来的运营方向。电力行业通过数据挖掘技术了解行业资深的价值，利用价值信息提高电力行业的市场竞争力，更重要的是提高电力行业的运行能力，加强电力企业中信息数据的控制能力。

6.3.2　大数据技术与电力行业的关联和影响

大数据技术是信息时代的典型代表，信息时代对电力行业的影响非常明显，电力行业在适应信息时代的同时引进了信息时代中的技术。电力行业在信息时代中改革了自身的运营方式，尤其是供电决策、发展战略等方面，改革的过程中引入了大数据技术，主要是因为大数据技术可以满足电力行业的信息化需求，表明大数据技术与电力行业关联。大数据技术优化了电力行业中的数据资源，提升了数据资源的利用率。

大数据技术影响着电力行业的生产过程，在发电、设备检修和安全管理三个方面表现出了优势。我国电网朝智能化、自动化的方向发展，在大数据技术的影响下构建了智能电网大数据，专门为电力行业的发展提供所需的数据。基于大数据技术的智能电网大数据，承载多种数据流的运行，如电力流、业务流以及信息流，紧密联系电力行业中的各项运行模块。

6.3.3　大数据技术在电力行业中的应用

就现状来看，电力企业包括独立的发电厂、五大发电公司、两大独立核算的电网经营企业，以及电力建设公司等其他独立核算单位。基于我国电力企业的发展现状，大数据产生于电力企业的各个方面。在发电侧，随着数字化电厂的建成，海量的有关故障监控、设备运行状态等的数据被各大电厂保留下来；在输电侧和配电侧，在输变电设备状态监测系统中，为了能对绝缘放电等状态进行诊断，最大限度地减少线损，需存储和监控的数据量十分巨大；在用电侧，电力用户的个人信息、电价信息以及智能电网的发展、电动汽车充放电监测信息都会产生海量数据。

由于各个发电企业、供电企业没有统一对其专业化的信息系统进行建设，电力生产、销售各专业数据彼此独立，形成信息孤岛。为破除信息孤岛的数据壁垒，需要融合发电、输电、变电、配电、用电等多方面的数据，这就需要考虑如何对各环节多数据进行融合。在电力大数据时代下，大数据已成为电力企业进行决策的基础。但是，单纯数据的积累并不能给电力企业带来益处，只有运用相关的技术手段，对大量的数据进行深加工，发现隐含的信息并加以利用，才能指导电力企业做出正确的决策，这样电力大数据的作用才能发挥到极致。研究认为，数据挖掘技术的运用将会在电力企业成本降低、电力市场开拓、电力系统安全运行等方面发挥重大作用。

因此，理解数据挖掘技术及其在电力企业中的应用就显得非常必要。数据挖掘技术是通过对海量数据进行建模，并通过数理模型对企业的海量数据进行整理与分析，以帮助企业了解其不同的客户或不同的市场划分的一种从海量数据中找出企业所需知识的技术方法。如果说云计算为海量分布的电力数据提供了存储、访问的平台，那么如何在这个平台上挖掘数据的潜在价值，使其为电力用户、电力企业提供服务，将成为云计算的发展方向，也将是大数据技术的核心议题。电力系统是一个复杂的系统，数据量庞大，特别是在电力企业进入大数据时代后，仅仅电力设备运行和电力负荷的数据规模就已十分惊人。因此，仅靠传统的数据处理方法就显得不合时宜，而数据挖掘技术的实现为解决这一难题提供了新的出路。数据挖掘技术在电力系统负荷预测和电力系统运行状态监控、电力用户特征值提取、电价预测等方面有很好的应用前景。我国电力市场化运行过程中一直在进行有关数据挖掘技术的思考，电力市场运行模式大体经历了垄断模式、发电竞价模式、电力转运模式，现在正在积极过渡到配电网开放模式。在这个过渡阶段，高质量的数据更是大数据发挥效能的前提，先进的数据挖掘技术是大数据发挥功效的必要手段。国际数据公司(International Data Corporation，IDC)指出，在大数据时代下，新的数据类型与新的数据分析技术的缺失将是阻碍企业成为其行业领导者的重要因素[35]。

在数据整理过程中数据整理层在数据挖掘技术中的实现，由于源数据内容往往交叉，所以需要按照互动性对观测数据进行分类。同时，由于原始数据中有噪声数据、冗余数据及缺失数据等问题，需要对数据进行解析、清洗、重构，并填补缺失数据以提高待挖掘数据的质量。经过分类后，数据被大致分为三大类：结构化数据、半结构化数据与非结构化数据。对于结构化数据，需要对其进行数据过滤，剔除无效数据以提高分析效率；对于半结构化数据和非结构化数据，需要按照一定的标准处理成机器语言或索引。例如，对电力用户评论、电力系统运行日志资料等数据，就需要转换成加权逻辑或是模糊逻辑，并将不同的词语映射到标准值上，形成企业统一的语言。通过数据整理层实现数据管理层在数据挖掘技术中的应用，将经过整理和转化的数据存储到电力数据仓库(data warehouse，DW)中，由于不同的电力数据仓库储存标准不同，所以数据需要整理和转化后才能储存到数据仓库中，这里就需要对数据仓库进行重新设计。

经过重新设计的数据仓库可以根据不同的主题设计不同的属性集，从而减少数据处理量；针对不同的主题数据库，可以采取粗糙集的属性归约算法删除数据中的冗余信息，得到精简的数据集；然后将决策树所表示的数据集表示为IF-THEN 的分类规则知识，并储存在规则知识库中；如果有新数据样本需要处理，可以按照一定的规则算法进行识别匹配，从而进行综合评价。经过数据管理层处理的数据实现数据分析层在数据挖掘技术中的应用，可以通过联机分析处理技术(on-line analytical processing，OLAP)来支撑复杂的决策分析过程，从而将数据转化成为辅助决策的信息。鉴于电力企业对数据实时性要求很高，可以将电力企业的数据分为实时性数据和非实时性数据进行分类处理。针对非实时性数据，可以考虑基于分布式文件系统(distributed file system，DFS)和 MapReduce 技术的云计算来进行处理，也可以基于 Hadoop——一种 DFS 和 MapReduce 的开源实现的云计算平台来进行数据处理。对于实时性数据，如电力负荷数据，一方面电力企业可以利用内存计算技术，将全部数据通过内存运行进行计算，这是提高计算速度的有效方法；另外，可以在云平台前设置若干前置机，用于实时接收数据。

大数据与电网的融合涉及从发电企业到最终用户的整个能源转换过程和电力输送链。由于智能电网的快速发展，信息通信技术正以前所未有的广度、深度与电网生产、企业管理快速融合，信息通信系统俨然已经成为智能电网的"中枢神经系统"，支撑新一代电网生产和管理的快速发展。一个行业的结构越合理，内部摩擦越小，功效越大，系统的智慧程度就越高，每次人与数据的互动就更有机会以更高效和更多产的方式分析汇总，从而更好地支持决策行动。当前，我国电力系统已初步建成了国内领先、国际一流的信息集成平台，随着后续智能电表的逐步普及，电网业务数据将从时效性层面进一步丰富和拓展。通过对拓展到家庭、企业的广泛覆盖的数据采集网络进行深度的数据挖掘，可以进一步实现智能用电管理，使用户掌握实时用电信息、在线互动能耗数据，实现能源高效循环利用，进而为节能减排提供依据。因此，智能电网的发展，将更好地推动数据挖掘技术在电力行业的运用。

基于数据挖掘技术的客户关系管理随着电力企业改革的不断深入发展，已经广泛应用到电力企业管理中，电力用户日益成为电力企业竞争的核心。不同的用户对电力的需求是不同的，供电企业如果能够及时运用一定的方法和工具将电力需求不同的客户进行分类，就能获得先机，取得竞争优势。对此，电力企业可以通过挖掘由客户信息、用电信息组成的主题仓库来对电力用户进行进一步的了解。

对此，可以将聚类分析运用到客户关系管理(customer relationship management, CRM)中，从而针对不同的消费者群体提供更多的个性化服务，以便于更好地满足电力客户的需求，为电力企业争取更多的客户。电力企业为了适应时代的需求，大多探索建立了信息系统来辅助自己对内外部数据进行系统统计和精确分析，这样使得电力用户资料统计变得相对简单、易于操作。对于现代电力企业，应该逐渐摒弃"以产品为中心(good-domimantlogic)"的传统管理模式，并转变为"以服务为中心(service-dominantlogic)"的面向"社会媒体—网民群体—电力企业"的"企业网络生态系统(enterprise ecocystem)"的新型管理模式。

对此，一些电力企业开展了网上办电、网上业务咨询等服务，并对由此产生的信息进行分析和利用，从中获得收益；中国南方电网有限责任公司也将投资建设一体化信息平台；五大发电企业目前正在重构其信息系统以建立新的管理与运营模式，把建立统一的信息平台作为信息化建设的重点项目。同时，有人还提出了基于传统"目标驱动决策"和现代的"数据驱动决策"的技术创新管理双向决策模型，如果将这个模型应用于供电企业中，可以形成以自组织动态监测为核心，能够有效预警并处理用电高峰期的技术监测模型。

对于日趋完善的电力企业信息系统，数据挖掘技术的实施必将取得事半功倍的效果。电力企业在进行用户信息提取、负荷预测、数据库维护过程中，由于面对数据中心存储规模不断扩大的现实，高能耗、高成本已经成为制约大数据时代下数据挖掘过程有效进行的一个瓶颈。据研究指出，对于 Google 来讲，数据中心年耗电量约为 3MW，而这些能耗中，只有 6%～12%被合理利用。对于我国的电力企业来讲，绝大多数电能用于服务器的闲置状态，以应对负荷高峰时等情况。因此，对于电力企业来讲，应该从采用新型低功耗硬件以及引入可再生的新能源来构造一个绿色数据库等角度来考虑如何缓解能耗问题，将节约的能源再利用于基于时间序列相似性的电价预测。

6.3.4　电力信息数据挖掘步骤

伴随着电力信息化建设的步伐，在电力生产运营的各个领域都积累了大量的数据，并且每日还在不断地飞速增长，面对庞大的数据，对于如何处理、如何深入其内部获取有用的信息，数据研究人员进行了大量的探索，人们不再只是停留在数据的简单查询、分析上，开始思考如何从海量数据中提取隐藏在数据背后的、潜在的信息或知识为企业决策提供支持。如果电力设备要实行状态检修，就可通过分析大量的描述设备状态的历史数据获得有益的信息用于检修决策支持，因为设备部件发生各种磨损、腐蚀、蠕变、疲劳和老化都会体现在物理量、化学量和电气参数等的变化上，电力设备发生故障的同时，一些故障现象会伴随着发生，电力信息管理工作者可以利用关联规则挖掘算法分析故障时各个监测点的数据，寻找故障现象与故障类别之间的关系，从而为设备故障检测提供科学依据。在线分析应用(online analysis process, OLAP)系统及传统的统计技术都无法很好地满足这种需求，因为它们侧重从不同的角度理解、分析、汇总、比较企业信息，但在发现新知识能力方面先天不足，所以电力企业有必要大力开展数据挖掘工作。电力企业开展数据挖掘的一般步骤如图 6-7 所示。

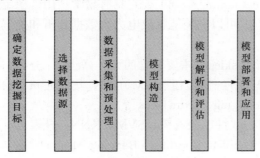

图 6-7　数据挖掘流程图

其中，最关键的步骤是模型构造，也就是根据挖掘目标所要解决的问题，选择哪一种挖掘技术，选定合适的算法，从而建立模型。

6.4　电力大数据分析应用推荐

自从进入大数据时代以来，工业界和学术界就一直在探索如何高效使用日益增长的数据，探究如何从海量数据中挖掘出有价值的信息。许多优秀的计算框架和算法被提出，如经典的 Hadoop 平台，以及 MapReduce、Spark、Storm 等满足不同计算需求的开源框架。在计算平台的支持之下，许多优秀的数据挖掘算法被研究者提出，特别是机器学习与深度学习技术的突飞猛进，更使得大数据挖掘成为一种现实。

电力企业每天都会产生海量的运营数据，这些数据蕴含了极其重要的价值信息，但是如果不对这些数据进行分析挖掘，那么这些数据不仅不能给公司带来利益，还会因存储成本等给公司带来负担。因此，公司必须要充分合理地利用这些电力数据，从中挖掘出有价值的知识，为公司决策和业务运转提供数据支撑。同时，公司需要采用易学易用，能快速部署到实际生产环境的工具或框架进行电力大数据分析。本书充分调研了目前最流行的大数据分析工具并结合公司数据特点和需求，建议使用 sklearn 和 Keras 对电力大数据进行挖掘分析。

6.4.1　机器学习工具 sklearn

大数据与机器学习可以看作有机统一的整体，二者很难割裂对待，大数据是机器学习的数据支撑，机器学习是大数据分析的有效手段。近年来，随着机器学习技术的不断发展，出现了很多优秀的机器学习工具，本书通过对比不同的机器学习工具，结合电力企业的实际业务需求，拟选定 sklearn 作为电力大数据分析挖掘工具，其主要算法类别如图 6-8 所示。

sklearn[36]是使用 Python 编写的简单高效的数据挖掘和数据分析工具，建立在 NumPy、SciPy 和 matploitlib 基础上，它具有易学易用、稳定强大、文档丰富、社区活跃等众多优点，可以完美地解决电力大数据分析和挖掘过程中所需要的全部算法库。

由图 6-8 可以看到 sklearn 主要包含四大类算法[36]：分类、回归、聚类、降维。

(1) 常用的回归：线性、决策树、SVM、KNN。集成回归：随机森林、Adaboost、Gradient Boosting、Bagging、ExtraTrees 等。

(2) 常用的分类：线性、决策树、SVM、KNN、朴素贝叶斯。集成分类：随机森林、Adaboost、Gradient Boosting、Bagging、ExtraTrees 等。

(3) 常用聚类：k 均值(k-means)、层次聚类(hierarchical clustering)、具有噪声的基于密度的聚类算法(density-based spatial clustering of applications with noise，DBSCAN)等。

(4) 常用降维：Linear Discriminant Analysis、PCA 等。

sklearn 分析过程十分简单，一般通过以下五个步骤就能实现我们预期的数据分析结果。

(1) 定义目标问题。

(2) 选用对应目标问题的算法模型。

(3) 使用训练数据训练模型参数。

(4) 使用验证数据验证模型优劣，若模型表现不好，则返回第(3)步继续训练模型。

(5) 使用训练好的模型对新数据进行分析。

例如，在电力系统中，电费回收风险预测是电力公司非常关心的问题之一，以往通过工作人员手动分析账单及公司运营情况对部分企业是否存在欠费风险进行评估，这种手工分析方式费时费力，且预测结果也不理想。在大数据背景下，以数据为中心，让数据"说话"，用数据决策更客观合理。使用 sklearn 数据分析，可以采用如下流程构建电费回收风险预测模型。

第一，可以把电费回收风险预测抽象为分类问题，即存在回收风险与不存在回收风险两种类别。

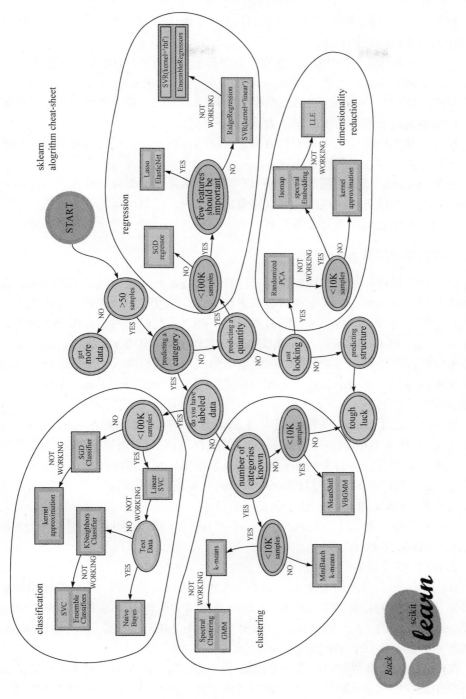

图6-8　sklearn算法概览图[36]

第二，从 sklearn 中选择符合我们目标问题的模型，采用性能优越的 SVM 分类器作为解决该问题的模型。

第三，使用标注好的历史数据(包含欠费和不欠费样本)对模型进行迭代训练，当模型性能满足需求时，停止训练。

第四，使用另一部分历史标注数据验证训练的模型，若该模型在验证数据集上的性能也满足我们的需求，则认为该模型可以使用。

第五，使用该模型对未来未知数据进行预测分析，能够以很高的准确率判断某个用户是否会存在电费回收风险。

使用 sklearn，依据不同的业务场景和需求，重复以上类似的操作步骤就能够实现电力大数据的分析与挖掘，可以探索出新知识，挖掘出新的业务模式，不断促进电力公司的合理发展与业务扩展。

6.4.2　深度学习工具 Keras

随着计算机硬件技术的快速发展，计算机的数据处理能力已经不断加强，致使以大数据拟合为核心的深度学习技术迅猛发展，深度学习已经在计算机视觉、自然语言处理等领域取得了举世瞩目的成绩。随之一起成长的还有很多开源的深度学习工具，如 TensorFlow、Torch、Keras、Caffe 等。电力大数据中，也存在许多需要使用深度学习处理的数据，如电塔摄像机、巡航机器人拍摄的图片，电网舆情文本数据等。本书通过比较不同的深度学习工具，拟采用 Keras 实现电力大数据深度学习功能。

图 6-9 展示了 Keras 的工作结构，Keras 是一个高层神经网络 API，Keras 由纯 Python 并基于 TensorFlow、Theano 以及 CNTK 后端编写而成。Keras 为支持快速实验而生，能够把要解决的问题迅速转换为结果，它可以实现：

(1) 简易和快速的原型设计(Keras 具有高度模块化、极简和可扩充特性)。

(2) 支持 CNN 和 RNN，或二者的结合。

(3) 无缝中央处理器(central processing unit，CPU)和图形处理器(graphics processing unit，GPU)切换。

Keras 的设计原则[37]如下。

(1) 用户友好：Keras 是为人类而不是天顶星人设计的 API。用户的使用体验始终是我们考虑的首要和中心内容。Keras 遵循减少认知困难的最佳实践：Keras 提供一致而简洁的 API，能够极大地减少一般应用下用户的工作量，同时，Keras 提供清晰和具有实践意义的 bug 反馈。

(2) 模块性：模型可理解为一个层的序列或数据的运算图，完全可配置的模块可以用最少的代价自由组合在一起。具体而言，网络层、损失函数、优化器、初始化策略、激活函数、正则化方法都是独立的模块，可以使用它们来构建自己的模型。

(3) 易扩展性：添加新模块超级容易，只需要仿照现有的模块编写新的类或函数即可。创建新模块的便利性使得 Keras 更适合于先进的研究工作。

(4) 与 Python 协作：Keras 没有单独的模型配置文件类型(作为对比，Caffe 有)，模型由 Python 代码描述，使其更紧凑和更易断点调试，并提供了扩展的便利性。

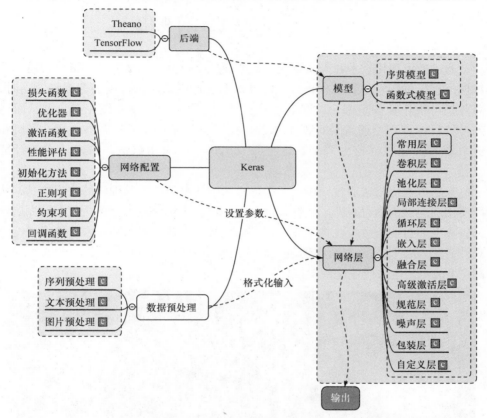

图 6-9　Keras 工作结构概览图

Keras 的工作流程一般包含五个步骤：

(1) 定义目标问题；

(2) 搭建网络模型(网络层数、形状、输入 shape 等)；

(3) 模型编译；

(4) 模型训练；

(5) 模型使用。

使用 Keras 框架，经过以上五个步骤，便可以实现对电力大数据的深度学习分析。

第 7 章　电力大数据可视化

7.1　电力经营数据可视化

通过把可视化技术和人工智能、数值模拟、运筹学相结合，并结合快速自动数据挖掘算法和人脑的观察能力，信息挖掘的速度和质量可以显著提高。同时，需要把可视化数据挖掘、关联信息管理以及半结构化信息系统相整合，从而达到最终目标，即全面普及可视化技术。我们的目标是为用户提供更好、更快和更直观的大型数据挖掘系统，这将激发出用户的应用热情，带来巨大的经济效益。

数据可视化是指通过使用图表等形式来描述复杂的不易理解的数据信息，从而使用户能够清晰直观地了解数据信息，并进一步深入理解数据所代表的深层含义。在电力行业，可视化技术具有很大的优势。企业可以借助可视化技术来实时观测各类数据动态，判断物理设备的实时运行状态，优化生产和经营的管理。图 7-1 展示了电力产业比例图。

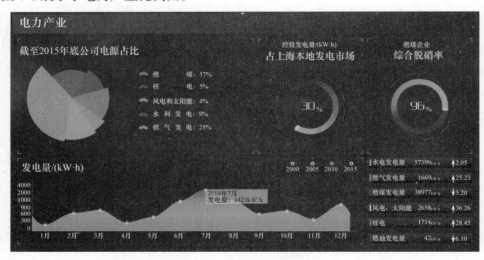

图 7-1　电力产业比例图

路晶将信息可视化[38](information visualization)定义为：使用计算机支持的、

交互的、可视化的形式来表示抽象数据以增强认知能力。信息可视化的研究侧重于使用可视化图形来呈现数据中隐含的信息和规律，其中的创新性可视化表征旨在建立符合人的认知规律的心理映像(mental image)。信息可视化的这些特点使其与传统计算机图形学和科学可视化研究具有很大区别。经过二十多年的发展，信息可视化已经成为人们分析复杂问题的强有力工具。

电力企业通过电力营销决策支持系统，设计良好的数据可视化方案，并将其运用到电力企业的实际生产场景和未来的发展规划中。通过数据可视化，企业用户可以清晰地认识到电力企业的发展方向，进而正确评估企业制定的决策。数据挖掘的结果是否符合实际、是否拥有实用价值，是整个数据挖掘系统是否成功的评定标准。从数据运营角度展望我国的电力行业，可以发现大部分企业都能够获取到大量良好的信息资源，这是数据挖掘的良好基础。我国的电力企业拥有立足大数据的基础，能够借助于数据挖掘技术进一步创造更多、更好的数据增值服务。智能电网的一个侧重点就在于能够深入分析收集到的数据，进而获得对电网整体的一个系统、全面的认识，从而协助解决特定的问题并满足商业战略目标的需要。智能电网之所以智能，就是因为智能电网拥有更加合理的组织结构、更加高效的运行程序和更加强大的综合功效。在智能电网中，数据和能源同步传输，能源技术和数据技术深度融合。总而言之，智能电网是在数据和能源支持上的高可靠、高环保、高互动的能源管理网络。

大数据可视化分析一方面立足于大数据的自动分析挖掘，另一方面利用信息可视化技术，实现了可视的人机交互方式和技术。通过把机器计算能力和人类认知能力相结合，用户可以获得对于大规模复杂数据集的洞察力。

Card 等基于认知理论，建立了信息可视化和分析过程中的意义建构循环模型。用户可以根据需求自定义信息检索，通过可视化交互界面使用各种操作(如概览、过滤、检索、缩放等)来搜索信息。给予信息检索，用户可以进一步分析数据信息潜在的规律和模式，并且可以通过分类、降维、聚类、融合关联等方法提取出数据信息中隐含的抽象模式。之后，借助于这些提取出的抽象模式，用户可以科学地分析问题，并通过可视化界面的操作来解决问题。借助于可视化的分析推理，用户可以在这个过程中创造新知识，从而制定新决策，或者可以形成新的分析需求来开始新一轮的工作循环，图 7-2 展示了可视化分析的概念范畴和运行机制。

信息可视化不只是使用图表来表示数据，它代表的是原始数据转化为可视化形式，再进一步转化为人的感知的一系列可调节的转换过程。

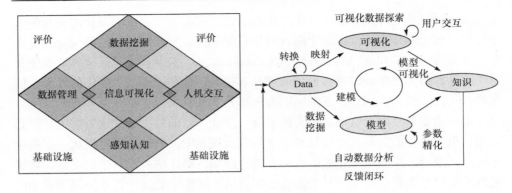

图 7-2　可视化分析的概念范畴和运行机制

(1) 数据变换将原始数据转换为数据表形式;

(2) 可视化映射将数据表映射为可视化形式,这些可视化形式的结构由各种可视化表征组成;

(3) 视图转换将数据的可视化形式正确适当地显示在输出设备上。

数据可视化的过程可以区分为编码(encoding)和解码(decoding)两个过程。其中,编码是指将原始数据转换为可视化图形的视觉元素,如大小、形状、比例、颜色等。相对应,解码是指对可视化图形的视觉元素的解析,解析包括感知和认知两个部分,其工作流程如图 7-3 所示。评定可视化编码好坏的标准有两个:效率的高低和准确度的高低。高效的编码要求能够快速感知大量的信息;高准确度则要求解码后能够获得较高的原始数据信息。

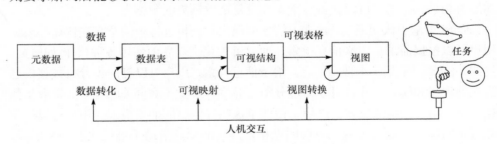

图 7-3　人机交互框架

1. 文本可视化

文本信息是一种典型的非结构化数据类型。它在大数据时代的地位十分重要,不仅是互联网中存在的最普遍的信息类型,也是物联网中传感器生成的主要信息类型。同时,文本信息是电力大数据应用场景中的重要信息类型,电力系统中的客服系统、日志系统、舆情系统中存在大量的文本信息。文本可视化具有重要的意义,它能够将文本信息中语义特征直观地展现出来,使一些隐含的信息如词频、逻辑、主题等能够被人们更加方便、更加快捷的获取。

标签云(word clouds tag clouds)是一种典型的文本可视化技术。它能够按照用户定义的规则,如词频,对文本中的关键词进行排序,并按照用户定义的可视化模型展示处理结果。通常,标签云的可视化模型需要定义布局、字体、颜色等属性,图 7-4 展示了大数据相关的词云标签统计。

图 7-4　词云示例图

数据信息通常与时间属性密切相关,文本信息也不例外。人们对于文本信息的一个重要关注点就是文本信息的形成和变化过程。因此,如何把文本信息的这种随时间变化的动态过程进行可视化是文本可视化工程和研究的一个重要课题。目前来说,一个主要的可行方法就是引入时间轴。ThemeRiver 解决方案就是通过引入时间轴来实现的。如图 7-5 所示,各个文本序列按照时间顺序从左向右排列,不同灰度的色带代表着不同主题,而色带的宽度则代表着主题的频度。

2. 时空数据可视化

时空数据是指带有地理位置与时间标签的数据。传感器与移动终端的迅速普及,使得时空数据成为大数据时代典型的数据类型。时空数据可视化与地理制图学相结合,重点对时间与空间维度以及与之相关的信息对象属性建立可视化表征,对与时间和空间密切相关的模式及规律进行展示。大数据环境下时空数据的高维性、实时性等特点,也是时空数据可视化的重点。

通过信息对象的属性可视化来展现信息对象随时间进展与空间位置所发生的行为变化。流式地图是一种典型的、将时间事件与地图进行融合的方法。

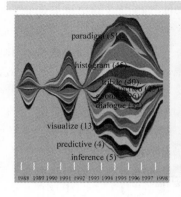 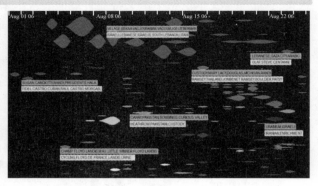

图 7-5　事件河流图

随着电网的建设，电力企业的数据来源更加广泛，数据类型更加复杂多样，数据量更是呈爆炸式增长。在此背景下，通过对电力企业大数据进行深入的挖掘与分析，可以获得数据的附加价值，从而为电力企业的业务发展提供有力的数据支撑。

3. 实例：电费回收风险可视化

受经济增速放缓影响，公司电费回收压力日益增加。探索利用大数据挖掘技术，使用用户行为数据分析预测用户欠费风险。

通过深入挖掘客户的档案信息、用电行为、缴费行为、增减容行为、违约窃电欠费行为、95598 客服及短信记录、行业特征、外部环境等多维度信息数据，分析识别客户欠费行为与各类客户特征、客户行为、行业趋势、外部因素的关联关系，发现了大量以前未知的业务规律和管理盲点，如欠费时间分布特点、欠费行为与缴费方式变化的关联、违约金起算时间误差、银行批扣电费不及时等问题。通过定量计算各相关因素与欠费行为的关联度，提取关键影响因子，基于逻辑回归算法建立了电费风险预测模型。并通过图形可视化展示了电费回收风险可视化效果。

该方法可以通过对用户行为数据的在线监测，提早识别高风险的欠费用户，提示营销部门有针对性地采取应对措施，降低电费回收风险。

7.2　电网生产数据可视化

1. 电网运维数据可视化

随着智能电网的广泛建设，智能配网技术得以不断突破。由于高精度配电网终端数据接入配电自动化系统，解决了以往终端信息缺失的弊端，从而电网运维数据更加全面, 同时具备时序性、快捷性、高维性的特点。对电网运维数据进行可视化分析, 可以在系统主参数及配网终端数据的基础上, 利用信息可视化技术手段, 构建一个全景的电网运维信息拓扑图, 如图 7-6 所示, 丰富信息的展现形式, 实现设备运行状况的在线检查与分析, 实现用户用电行为特征分析与预测等。

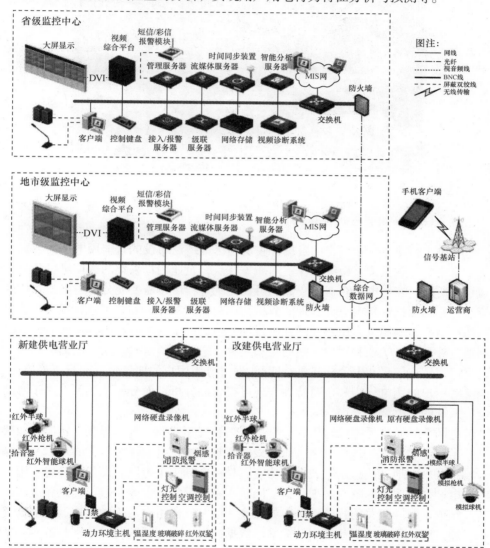

图 7-6 数据拓扑图

数据可视化是通过对数据的深入分析, 以大屏形式展示当前系统的运行情况, 如图 7-7 所示, 查看系统是否有异常、险情等, 通过大屏清楚地显示系统运行状态，当发生异常时，以便相关部门能够及时感知，紧急处理故障等。

图 7-7　数据可视化示例图

2. 电力企业用户数据可视化

　　在电力行业，企业用户的数据源主要是已经广泛布设的智能用电采集装置。由于采集装置数量大、持续工作不间断等特点，企业用户采集的数据量呈几何级增长。所以，在对电力企业用户数据可视化的过程中，需要充分考虑电力数据的特点，并利用这些特点设计合理的分析和可视化方案。例如，可以利用采集装置的地理信息，绘制电力用户地图并进行全方位的展示。同时可以将这些地图有限制地对外开放，实现和用户之间的互动服务，进而获得实时的用户反馈。此外，还可以将用户信息和电力信息进行匹配，通过分析用户的地理位置和行业等信息，能够对用户的用电行为和负荷特性实现可视化的分析，而分析结果可以用于协助电力系统的供电调度等。

　　电网全景展现系统以通信、计算机网络、视频监控、数据提取、转换和加载等技术为基础。它具备变电站、输电线路视频监控、电网综合信息展现、气象综合信息展现、地理信息系统展现等功能，是一个涵盖了电网、设备、环境、用户等各电网企业要素的统一展现平台。同时，系统汇集了多专业数据信息和应用服务，集成了电网相关的各类信息，如生产调度、气象雷电、视频监控、营销物资等。通过统一的应用服务调用及标准的数据接口方式，系统可以分别与各专业系统和数据中心实现信息交互。数据中心作为实时数据的集中整合平台，承担着电网全景展现和跨平台数据共享的任务。电网全景系统通过一系列统一的规范实现了对电力网络模型和各专业系统数据的融合，并对外提供了统一的数据接口服务和基于面向服务架构的应用服务调用功能。

视频监控系统由四部分组成，包括省级部分、市级集控中心部分、移动视频部分和现场信号采集部分。其中，现场信号采集部分需要对变电站、输电线路、电力设备等进行视频采集，并将采集得到的视频信息借助网络传输给市级集控中心，市级集控中心会进一步进行数据的汇集、转发和存储。

综合展现平台包括多种展现形式，包括地理信息系统(geographic information system，GIS)展现、视频展现、页面展现等。除了局部信息展现，综合展现平台还可以展现融合各个业务线形成的综合业务场景，而综合业务场景所需的业务数据主要由智能信息集成平台和视频监控系统提供。

电力系统拥有海量的多源异构数据，这些数据需要存储在数以万计的集群中，如何监控集群节点状态，怎样保证数据交换有序通畅，是电力企业必须要解决的难题。Ganglia 是一个开源集群监视项目，Ganglia 的核心包含 gmond、gmetad 以及一个 Web 前端。主要是用来监控系统性能，如 CPU、MEM、硬盘利用率、I/O 负载等，通过曲线很容易见到每个节点的工作状态，对合理调整、分配系统资源，提高系统整体性能起到重要作用。

对于电力大数据分布式系统而言，实时监控系统的运行状态是非常重要的，Ganglia 可以无缝连接到 Hadoop 和 Hbase 集群，通过简单地配置文件就可以使用可视化组件对分布式系统各个节点和进程进行监控分析。

Ganglia 监控系统主要包含 gmond、gmetad、rrdtool、Apache & PHP 和 Web 页面，集群节点监控步骤如下。

(1) 在要收集的数据的每个节点安装 gmond，主要用来收集节点的信息以及存储信息；

(2) 在需要监控的节点上部署 gmetad，使用轮询方式搜集 gmond 的信息并保存到磁盘上；

(3) 安装 Apache Web 服务器和 PHP，构建 gweb 执行环境；

(4) 安装 gweb，以 Web 的形式展示集群运行情况。

gweb 是最容易配置，也是需要最少配置就能工作的守护进程。实际上，无须改变 gweb 的任何默认配置，gweb 就可以启动并运行功能齐全的 Web 客户端。

一个基于 Web 的监控界面，通常和 gmetad 安装在同一个节点上(还需要确认是否可以不在一个节点上，因为 PHP 的配置文件中 ms 可配置 gmetad 的地址及端口)，它从 gmetad 取数据，并且读取 rrd 数据库，生成图片，显示出来。

3. 电量预测可视化

无功电量计算涉及计量、营业和电费复核相关人员的协同与配合，无功电量计算专题监测分析可视化效果图如图 7-8 所示。为提升公司的功率因数调整电费

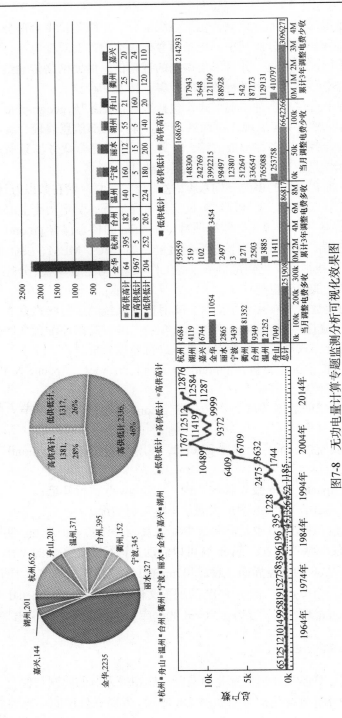

图7-8 无功电量计算专题监测分析可视化效果图

计算精益化管理水平，减少无功电量计算错误导致的经济损失和法律风险，选取全省 100kV·A(kW) 及以上客户，开展无功电量计算专题监测，从营销业务应用系统和用电信息采集系统抽取明细数据，识别无功电量计算错误，并按错误类别开展穿透分析，查找执行和管理层面的原因，提出相应的改进建议。

7.3　电力大数据可视化应用建议

大数据挖掘与分析的结果有时候杂乱无章，公司决策层和业务人员并不能直观地理解数据背后传达的知识，所以需要使用更直观的方式展现复杂的分析结果，数据可视化是数据分析的最后一个步骤，同时是非常重要的一个环节，只有让业务人员和公司决策层清楚理解分析结果，才能达到数据分析的真正目的。公司需要一种开源高效的可视化工具，实现大数据分析结果直观展示。本书推荐使用百度开源 ECharts 作为大数据可视化工具，它是使用 JavaScript 实现的开源可视化库，可以流畅地运行在 PC 和移动设备上，兼容当前绝大部分浏览器(IE8/9/10/11、Chrome、Firefox、Safari 等)，底层依赖轻量级的矢量图形库 ZRender，提供直观、交互丰富、可高度个性化定制的数据可视化图表。使用 ECharts 具有以下优点。

1. 丰富的可视化类型

ECharts[39]提供一般的线图、直方图、散点图、饼图、k-线图、用于统计的框图、用于地理数据可视化的地图、热图、用于关系数据可视化的关系图、树图、旭日图、多维数据可视化的平行坐标且有用于 BI 的漏斗图、仪表板以及图形和图形之间的混搭支持。

除了具有丰富功能的内置图表外，ECharts 还提供了一个定制的系列，只需要传入一个 renderItem 函数，就可以从数据映射到任何想要的图形，而且这些交互式组件可以一起使用，而不用担心其他事情。

同时，可以下载包含下载界面中所有图表的构建文件。如果只需要一两个图表，并且包含所有图表的构建文件太大，那么还可以在在线构建中选择所需的图表类型之后定制构建。

2. 多种数据格式无须转换直接使用

ECharts 内置的 dataset 属性(4.0+)支持对数据源的直接输入，包括二维表、键值等，通过简单地设置 encode 属性就可以实现从数据到图形的映射。在大多数情况下，视觉直觉消除了数据转换步骤的需要，多个组件可以共享单个数据块，而无须克隆。

为了匹配大数据量的显示，ECharts 还支持输入 TypedArray 格式的数据。TypedArray 可以在大数据存储中占用更少的内存，而且对全局目录(global catalog, GC)友好的特性可以大大提高可视化应用程序的性能。

3. 千万数据的前端展示

通过增量渲染技术(4.0+)和各种细致的优化，ECharts 能够显示数千万级的数据，并且仍然能够在这个数据级别执行平滑缩放和其他交互。

在使用二进制存储时，数千万的地理坐标数据甚至占用了数百兆字节的空间。所以 ECharts 也支持流媒体加载(4.0+)，可以用 WebSocket 或者对数据分块后加载，加载多少渲染多少。在绘制之前，不需要等待很长时间加载所有数据。

4. 多渲染方案，跨平台使用

ECharts 支持以 Canvas、可缩放的矢量图形(scalable vector graphic, SVG)(4.0+)、矢量标记语言(vector markup language，VML)的形式渲染图表。VML 可以兼容低版本 IE，SVG 使得移动端不再为内存担忧，Canvas 可以轻松应对大数据量和特效的展现。不同的渲染方式提供了更多选择，使得 ECharts 在各种场景下都有更好的表现。

除了 PC 和移动端的浏览器，ECharts 还能在 node 上配合 node-Canvas 进行高效的服务端渲染。从 4.0 开始和微信小程序的团队合作，提供 ECharts 对小程序的适配。

5. 深度的交互式数据探索

交互是从数据中发掘信息的重要手段。"总览为先，缩放过滤按需查看细节"是数据可视化交互的基本需求。ECharts 一直在交互的路上前进，提供了图例、视觉映射、数据区域缩放、tooltip、数据刷选等开箱即用的交互组件，可以对数据进行多维度数据筛取、视图缩放、展示细节等交互操作。

6. 通过 GL 实现更多、更强大绚丽的三维可视化

ECharts 提供了基于 WebGL 的三维 ECharts GL，可以跟使用 ECharts 普通组件一样轻松地使用 ECharts GL 绘制出三维的地球、建筑群、人口分布的柱状图，在此基础之上，我们还提供了不同层级的画面配置项，几行配置就能得到艺术化的画面，如图 7-9[39]所示。

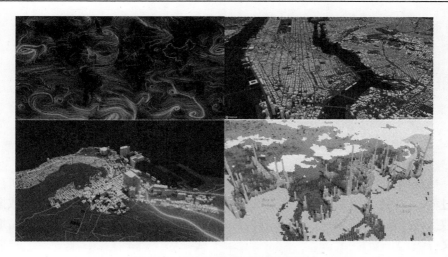

图 7-9 ECharts 3D 数据可视化示例

第 8 章　电力大数据归档与销毁

8.1　数据归档技术

数据归档[40]是将不经常使用的数据移动到单独的存储设备以进行长期存储的过程。一个数据档案由旧数据组成,但它是供将来参考的必要的和重要的数据,其数据必须按照规则保存。数据归档具有索引和搜索功能,因此可以很容易地找到文件。

数据归档的方式主要分为定期数据归档和不定期数据归档。

1) 定期数据归档[41]

这种数据归档的数据对象主要是电网企业长期积累的业务数据。由于每日数据量的不断增加,因此需要对数据进行定时的数据归档操作,使数据归档自动化、规范化,以保证应用系统和系统资源的有效利用。

2) 不定期数据归档

这种数据归档的对象主要是电网企业应用系统中数据量较大的数据,或者使用非常频繁的数据,采用不定期的集中化数据归档,以保证对系统和应用资源的影响最小。数据归档将通过反复论证和调试,总结经验,形成一套规范、一项制度,将数据归档纳入日常操作,使数据清理自动化、规范化、量化,成为一套完整的数据清理和归档规范系统。

数据归档系统在电网企业的成功应用不仅可以提高电网企业信息的整体技术水平,也合理地规划和使用数据资源实现不同的业务平台之间的电网企业有效的访问,突破大型数据库数据存档和数据管理的关键技术。逐步掌握电网企业系统数据定期归档、硬盘管理规划、数据库性能和生产数据的过程管理技术,提高电网整体数据管理系统的运行稳定性、效率和可靠性。实现各平台数据的平滑迁移、应用测试的高效和稳定。填补数据归档管理信息系统与产销生产系统之间的空白,必将为电网企业创造更大的经济效益和社会效益。

8.1.1　数据归档基本原理及步骤流程

首先从业务的角度对产销系统的应用数据进行分析、分类,整理需要归档数据的表单,并确认归档目标数据的来源和数据量,选择相应的目标表归档方法和编制相应的批处理程序。然后为需要存档的表创建相应的过渡表,最后通过应用程序(或结构化查询语言(structured query language，SQL)语句)将数据传输到过渡表，并进行确认。具体流程如图 8-1 所示。

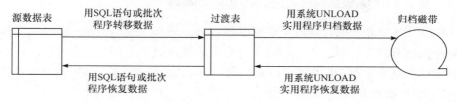

图 8-1　数据转移、归档和恢复过程示意图

根据归档规则，它们可以直接保存在过渡表中以供使用，也可以通过系统程序将它们归档到磁带中。

用于传输数据的批处理程序由应用程序开发人员提供，系统与应用程序人员一起执行。为了保证归档过程的稳定性和恢复的可靠性，所使用的程序或语句必须是固定的，每次运行只能修改相关的时间参数。为了检查传输的数据量，批处理程序必须列出程序中传输前后源数据表和过渡表的记录数量。具体步骤如下。

(1) 在每月的月备份或指定备份完成以后进行；

(2) 应用开发人员根据归档需求修改相关时间参数；

(3) 调整过渡表的空间，供存档之用；

(4) 使用批处理程序存档数据，提交作业，与申请及系统人员共同确认是否成功，并保存相关作业日志；

(5) 系统人员按照要求通过系统程序将过渡表数据保存到磁带上；

(6) 保留数据归档工作的日志信息；

(7) 应用系统人员与系统人员共同工作，组织各表的记录数量；

(8) 确认无误后，完成此存档。

1. 数据在线查询

根据所需数据的实际情况，使用查询 TK 过渡表的原理，通过应用程序或 SQL 语句直接访问过渡表，以供使用。

2. 数据恢复机制

首先，确定存储所需数据的介质。如果它在磁盘的 TK 表中，则由应用程序或 SQL 语句将其还原到源数据表中使用；如果它在磁带中，磁带上的数据将由系统程序恢复到过渡表中，确认并完成所需的数据后，通过应用程序或 SQL 语句将其恢复到源数据表中以供使用。为了确保数据完整性，在成功完成相关步骤后，源数据表、过渡表或存档磁带中不同时存在任何数据。数据可恢复性策略：为了保证数据的可恢复性，使用双保存策略将数据保存到磁带上。

8.1.2 基于 ERP 系统结构化数据归档技术

ERP[42]是企业资源计划或企业资源规划(enterprise resource planning)的简称，对企业所拥有的人、财、物、信息等综合资源进行综合平衡和优化管理。目前，世界 500 强企业中有 80%都在用 ERP 系统作为其决策的工具。多数大型企业都已形成以 ERP 系统为核心的经营管理系统，企业生产经营方面的重要电子文件，几乎都由 ERP 系统直接或间接产生。根据调查，某大型企业 ERP 系统直接产生的电子文件约占企业资源的 30%~40%，每月的数据增长量达 1.5TB，企业集中服务器每月增长近 80GB，其中包含了应长期保存的各类凭证、各类报表、各种统计台账、设备台账、资产台账、项目台账、物料台账、设备检查维修计划及记录、会计账簿、生产版本、物料清单(bill of material，BOM)、定额工艺路线等数据。ERP 系统的广泛应用，为结构化数据的归档管理带来了挑战。由于系统内数据非常多，只能将少量的数据打印并归档到档案部门，其他大部分数据还保留在 ERP 系统中无法进行归档，手工纸质归档的模式受到很大冲击。

电子文件真实性保障国际合作项目(InterPARES)的研究目标是建立一套确保数字文件能够以准确和可靠的方式生成，并且被形成单位或整个社会利用的过程中，真实性能得到维护，不受技术更新和载体耐性影响的理论与方法。InterPARES 项目提出了两个文件管理模型：一是基于生命周期理论的保管链模型，二是基于连续体理论的业务驱动文件管理模型。

(1) 文件生命周期的新概念：由于不能维持或保存电子文件本身，而只能保存重新生成它们的方法，所以形成单位为业务目的重新生成的电子文件应视为形成单位的原件；保管单位为保管目的重新生成的电子文件应视为文件形成单位的真实复件。

(2) 电子文件生命周期：以电子文件与文件重新生成者的关系来划分，将电子文件的生命周期划分为以下两个阶段。

第一阶段：文件形成者的原件。形成者在正常业务活动过程中形成的复件是原件，并应作为原件使用及处理。

第二阶段：文件形成者的真实复件。保管者形成的复件不能作为原件，因为形成者从未在形成后使用或者处理这些用于长期保存而不是形成者业务活动的复件。在 ERP 系统数据归档时，以长久保存为目的，按照生成文件的方法对其进行重新生成操作，在这个过程中产生的电子文件可视为电子文件的复件，不能作为原件。但由于是真实遵循生成原件的方式而产生的电子文件，所以可视为原件的真实复件，与原件具有相同的效力。

档案管理系统提供统一的数据交换接口，ERP 系统可通过数据交换接口，将需要归档的数据文件成批次地推送至档案管理系统，经档案的收集整编流程，审批通过后成为正式档案。ERP 系统可以通过数据交换接口，查询以往推送的数据文件的归档状态。档案管理系统集成架构具体说明如下。

(1) 档案系统与 ERP 系统集成采用建立档案数据交换标准接口的方式，以提供良好的可扩展性、可重用性、可维护性和可管理性。

(2) 档案数据交换标准接口提供与 ERP 系统的接口规范、统一模型、数据交换格式定义等。

(3) ERP 系统主动调用档案数据交换标准接口与档案系统进行交互，即采用推送的方式将包含了元数据和电子原文的档案数据主动推送给档案系统。

(4) 档案系统对 ERP 系统推送过来的档案数据不做二次加工，保证档案数据的准确性和原始性。

(5) 档案数据交换标准接口的日志与监测通过档案系统全局的日志与审计模块统一实现。

业务人员将需要打印的报表或凭证在 ERP 系统转化成 PDF 文件。系统对生成结果进行检查，若不成功，则重新生成 PDF 文件，若成功，则 PDF 文件归档进入档案系统，由档案人员完成相应的档案归档整理工作，并产生档案归档确认单。

利用 ABAP 开发平台在 ERP 系统中开发档案系统数据交换接口，接口包括档案数据生成模块、发送模块、接口监测分析模块等。档案数据生成模块用于采集需要归档的报表和凭证信息，形成元数据和电子原文；档案数据发送模块主动调用档案数据标准交换接口，将档案数据发送给档案系统；接口监测分析模块用于对档案系统接口进行监测，保证将档案数据准确、及时、完整地传送给档案系统。其中档案数据发送模块和接口监测分析模块属于公共模块；档案数据生成模块分布在各个需要归档的报表或凭证的打印程序中。对于 ERP 系统电子文件的归档，采取 ERP 系统主动将包含了元数据描述信息的电子文件推送至档案管理系统的模式。档案管理系统对业务系统推送过来的归档数据不做二次加工处理，保证了归档数据的准确性和原始性，从而使归档的电子文件具有较高的可信度，达到了与归档纸质文件同样的凭证价值，同时避免了 ERP 系统或者档案系统在各自业务逻辑发生变化时相互影响的现象。对于 ERP 系统电子文件归档，除了电子文件本身，还包括针对归档文件的描述性元数据信息。例如，文件名称、密级、保管期限、归属单位、利润中心、凭证类别、分类号等。

8.1.3　Tigge 数据自动化归档技术

Tigge 数据采用 Unidata LDM(local data manager)软件进行传输。该软件是一套集选择、获取、管理和分发任意数据产品等功能为一体的软件系统。该系统以事件驱动数据分发，进入该系统的任何数据都能通过数据产品队列尽可能快地得到处理。

Tigge 数据文件命名参照 WMO(word model object)文件命名规范：

z_tigge_c_cccc_yyyymmddhhmmss_mmmm_vvvv_tt_ll_ssss_nnn_llll_param.grib

为了统一规范化数据归档流程，设计了数据自动化归档模型来实现数据归档。归档模型包括归档文件组织、磁带卷组织、自动化批量归档三部分。这三部分涵盖了所有归档数据的归档流程和实现方法，具体模型的每一部分的功能设计详见图 8-2。

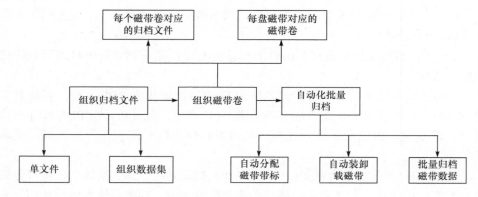

图 8-2　Tigge 系统设计图

1. 组织归档文件

组织归档文件即根据使用数据的习惯或者用户归档的策略对于原始文件进行组织。归档的文件可以是数据集或者单个文件，数据集可以是根据业务的需求生成的相应数据集，例如，某类资料在某个时间段内的资料集合，所形成的磁带存档(tape archive，TAR)文件集。通常，不建议用户使用单个文件，因为单个文件在写入磁带的过程中可能导致磁带读写速度变慢。

2. 组织磁带卷

组织磁带卷即通过了解每盘磁带上包含的要素文件以及了解归档文件如何被组织并写入磁带来快速查找并获取要素文件。磁带卷的组织与数据快速恢复之间有密切关系。每一盘归档数据磁带都是由数个磁带卷组成的，其中每个磁带卷都是一个数据集。磁带存储器(磁带机)也可以称为顺序存取存储器(sequential access memory，SAM)，这里指磁带上的文件依次序存放。在对数据进行记录时，磁带按顺序写入每个磁带卷，并在对数据进行读取时，按照顺序读出。恢复数据时，必须精确恢复数据属于磁带线圈的位置。如果要恢复的数据分布在多个磁带卷上，则磁带需要逐个定位并恢复到相应的数据。通常，磁带卷的组织不合理就会造成在恢复数据时，我们需要恢复一盘磁带上的每个磁带卷，而每个卷却只读取一两个文件。这就造成了遍历整盘磁带却只恢复很少的文件，获取数据的效率会很低。因此，合理组织磁带卷是极为重要的。

3. 自动化批量归档

在磁带卷的组织完成后，我们需要实现磁带的自动化批量归档。自动化批量归档所依靠的是磁带库系统。磁带库系统主要包括三个部件，即机械手、磁带驱动器和磁带。磁带库中的典型操作包括两类机械操作，即磁带驱动器的操作和机械手的操作。磁带驱动器操作包括三对机械操作，即磁带向前／向后倒带、磁带介质装载和弹出与磁带的读／写操作。机械手操作则包括磁带定位、装载磁带和卸载磁带。自动化批量归档的目的就是要实现自动装卸磁带、自动分配磁带带标和批量归档磁带数据三大部分功能。

8.2 数据销毁技术

随着时间的推移，一部分数据可能会失去使用和保存的价值，为了节省数据存储成本并满足归档要求，应该按照公司的有关规定彻底地销毁待销毁的数据。数据销毁是指彻底地删除存储介质中的数据。如果有必要，应对存储介质进行销毁以避免不法分子利用存储介质中残留的数据信息对原始数据信息进行恢复。通过这种方式，就可以达到保护敏感数据的目的。各个部门需要使用公司的统一的数据销毁工具对待销毁数据进行销毁。

8.2.1 物理销毁

物理销毁是指采用物理手段破坏信息的存储介质，并使其失去信息存储能力的方法，常见物理销毁方法如下。

(1) 消磁法。这种方法仅适用于磁盘存储器。这种方法利用消磁机产生的强磁场来破坏存储器中原有的磁性结构。只要其中的磁性结构被破坏，磁盘就会失去存储数据的能力，磁盘上的敏感数据也会湮灭。

(2) 化学腐蚀和物理破坏法。这种方法不仅适合于磁盘存储器，也同样适合于闪存存储器。2005 年，美国 Ensconce 公司曾开发出一款专门针对银行、军方、高度商业机密等用途的自毁式硬盘。检测外部信号是这种硬盘的数据保护技术的关键。当传感器得知硬盘被拆卸或者位置不再安全后，一种特殊的化学制剂会被喷洒在磁盘盒上，并永久抹掉上面所存储的数据。除此之外，为了保护敏感数据的安全，可以使用外力破损、火烧、划损盘片等方法对存储器进行有效的破坏，使其失去存储能力[43]。

8.2.2　软件销毁

物理销毁会对存储器造成永久性损坏，使其无法继续使用，所以物理销毁仅适用于一些对数据机密等级要求较高的场合。普通的用户则需要使用软件销毁的方法来清除敏感数据以防止个人敏感信息泄露。软件销毁的核心思想是使用垃圾数据代替需要保护的敏感数据，使得敏感数据携带的信息随着数据的改变而消失。

对于磁盘存储器，可以通过反复将垃圾数据写入敏感数据的存放区域来实现数据清除。由于硬盘中的数据以二进制的"1"和"0"存储，一旦将垃圾数据写入敏感数据的存储区域，原始二进制序列就会被垃圾数据代替。攻击者将无法恢复出敏感的数据。

对于闪存(固态硬盘、U 盘等)，由于单个存储单元的最大写入次数远低于磁盘的最大写入次数，所以通常在闪存中内置磨损均衡算法以平衡每个存储单元的写入次数。如果使用的数据销毁方法与磁盘相同，则可能无法有效清除闪存中的敏感数据。经过对多种常见的固态硬盘的测试，其结果表明，数据覆盖方法在消除固态硬盘上的敏感数据方面非常有限。这是由于磨损均衡算法不会将垃圾数据写入敏感数据的存储区域，而是会选择存储器的空闲区域来写入，然后通过地址转换将写入的物理地址映射到原始逻辑地址。

为了完全去除闪存中的敏感数据，人们提出了一种用于固态硬盘的物理层的安全删除方法。这一方法通过将新的数据直接写入存储原始数据的页面来"清理"原始数据。它违反 NAND 闪存写入机制，也就是说，页面数据需要在更新之前擦除包含页面的整个块，然后再更新数据。实验表明，这种方法在某些闪存芯片上不存在任何影响。该方法集成在固态硬盘的 FTL(flash translation layer)中，使固态硬盘能够安全地从物理层删除指定的文件。

Shin 提出了一种物理层安全删除方法，该方法在 FTL 中添加了缓存管理功能。此方法计算每个逻辑页面上的数据叠加数。如果该数量超过阈值，则外部主机可能正在尝试运行数据覆盖程序以清除指定的数据。控制器可以根据该判断清理相应的物理页面。这不仅避免了内置数据缓冲区对数据更新操作的"吸收"作用(也就是说，数据更新将优先于缓冲区，直到外部主机调用数据同步命令之前不会写入物理介质)，同样也使控制器能够确定外部主机是否需要安全地删除指定的数据。

Qin 提出了一种改变固态硬盘控制器算法的新的物理层安全删除方法。当外部主机更新指定的逻辑地址数据时，该方法首先将数据写入新的物理地址，然后从原始物理地址清除数据。为了提高执行效率，该方法允许用户标记固态硬盘的不同分区。只有被标记为"机密"的分区才能在数据更新后自动清理原始数据，而其他分区则执行正常的数据更新。这样，磁盘数据安全删除软件也可以实现固态硬盘上指定文件的安全删除。

8.2.3　数据销毁的机制

对于数据销毁机制[43]，除了使用人工控制外，目前的研究重点是如何使敏感数据自我感知与自动销毁。例如，单个故障主机的数据销毁方法将应答失效作为自毁感知条件，并将数据访问权限和数据生命周期设置为自毁感知技术。但是缺点是该方法太过简单，不适合复杂的分布式系统。为了改进该方法，人们提出了一种分布式系统的层次化自毁模型。该模型使用感知层中的事件监控服务完成自毁感知。粗糙集理论被用于确定分布式系统中自毁的触发条件。通过逐层实现组件自毁、服务自毁和系统自毁，实现了分布式系统自毁，由于用粗糙集判断自毁条件时基于等价关系的分类精度不高，这一分层自毁方法存在一定的局限性。我们也可以将私密性威胁指数用作分布式系统的自毁激励条件，进而提出一种基于模糊层次评估的自毁式感知方法。该方法可以感知分布式系统的环境，并在系统隐私即将被破坏时，实现分布式系统的自毁。

在云存储模式下，Web 应用程序的数据被缓存并大量存储在网络中，用户无法确定数据的备份数量和存储位置，因此用户无法清理所有备份在网络中的存储数据。这些未经清理的数据可能被未经授权的第三方非法访问。这会导致数据所有者不期望的数据泄漏。因此，如何在失控(超出主控制范围)的情况下实现过时或备份数据的自毁是云存储安全研究的重要内容。一些研究人员将失控数据删除问题与关键管理问题等同起来，并开展了一些研究。有一种基于策略的文件自毁方法，其实现数据及其在云存储系统中的备份自毁的方式是移除与策略相关联的控制密钥(加密数据密钥)。但是，控制密钥由第三方密钥管理器管理，第三方密钥管理器是集中管理模式。存在管理者不能信任而没有删除或控制密钥泄露的安全风险。Geambasu 提出过一种分布式密钥管理系统。该系统进行门限密码处理后，将密钥随机分发到使用 DHT(distributed Hash tables)技术的 P2P 网络。这样，当授权时间到达时，密钥将被网络自动删除，使得加密数据无法解密，从而实现了邮件服务器和网络中邮件复制的自毁。

第9章 电力大数据应用前景

9.1 基于大数据的企业风险预警与管控

电网作为全球最大的关键基础设施，面临着严峻的内外部经营风险和挑战。外部风险主要体现在舆情危机，内部风险主要体现在物资管理、廉政建设、法律事务、企业文化等内部经营管理风险。现有的风险监测方法及时性不足，缺乏对关键指标的量化手段和辅助分析工具，过度依赖人工判别，难以支撑企业经营管理风险的精准有效处置。

基于新一代大数据技术，如大数据智能、自主智能等技术，助力网络舆情监测分析，帮助公司及时发现外部经营风险；基于大数据、知识图谱等技术，有效发现物资管理、廉政建设、法律事务、企业文化等内部经营管理制度、流程、规范中存在的逻辑漏洞、落实不当、管理不到位等风险，实现企业内部经营管理风险的常态化监测及告警，提升公司经营管理风险管控水平。当前，我国全面推进了以信息化、自动化、互动化为基本特征的智能电网建设。信息化建设在公司电网发展、生产运行、经营管控、客户服务等各个领域的全面覆盖和不断深入，各类业务数据急剧增长，表现出量大、价值高、结构多样等特征。通过挖掘数据资产潜在价值，使利用数据指导生产和管理企业成为可能。

受到当今外部环境变化的影响，公司内部经营管理的风险复杂性增加。公司的企业经营现状存在数据量大、业务复杂等特点，在很多应用场景下表现出大维度、小样本、非结构化的数据特性，传统的风险分析预警模式已经难以适应当今企业内部风险管控的需求，而新一代人工智能技术为企业风险管控提供了新的动能。深度学习技术使企业风险管控由经验主义变为理性主义，深度学习能够弱化人为主观分析判断的成分，依托真实数据量化分析,其结果的准确性将大大提升；深度学习技术使企业风险管控由粗放管理变为精细管理，依托深度学习技术构建的风险分析预计体系将能够更精准地定位风险成因并跟踪风险的演化路径，使企业风险管控更加精益化；深度学习技术使企业风险管控由被动变为主动，深度学习技术的应用将实现企业风险的智能化、自动化、在线化分析预警，实现对企业风险的全天候监管，实现风险的提前预判，降低风险的发生率；深度学习技术使企业风险管控由局部变为全局，依托于公司内部经营管理全量数据进行深度学习与分析，可以构建企业经营管理的全景分析体系，实现对企业内部多维风险的掌握，依照业务逻辑分析多元风险的交互作用，从而实现对企业风险的全面认知。

9.1.1　基于大数据的电网企业舆情风险管控

从潜在的舆情风险点来看，电力体制改革进入攻坚阶段，各利益相关方通过媒体表达诉求，观点交锋，一旦改革无法达到各方预期，公司就有可能成为舆论情绪的宣泄口；新能源发展迅速，电网消纳舆情风险依然突出；供电服务质量预期攀升，一线员工服务水平和意识有待提升；随着国际业务的深入开展和全球能源互联网的不断推进，地缘政治的复杂多变性、业务开展的风险性、政治经济利益的博弈，都可能带来公司海外业务在国内外舆论场的变数和不确定性。

现有风险监测方法及时性不足，缺乏关键指标的量化手段和辅助分析工具，过度依赖人工判断难以支撑企业经营管理风险的精准有效处置。

第三方信源较少，影响复杂问题的传播公信力。国家直接或间接掌控的第三方信源较少，不太重视负面舆情事件中第三方的作用，尚未形成公司与第三方信源互相协调配合应对舆情事件的工作机制。

议题设置能力有待提升，危机转化能力有待加强。我国已经形成了较为规范的新闻发布制度，但总体上来看，主动、积极的发布尚需加强，议程设置能力有待提升，容易出现媒体选择有利于自身且社会关注的热点事件进行追踪报道的情况。

联动协作障碍较多，跨部门、跨层级配合尚需完善。电网公司内部机构庞大，如果遇到舆情事件，需要调动各部门力量进行配合，沟通及运作的障碍确有不少，尤其是部分县级供电企业，普遍缺乏制度化、系统化的应对机制。此外联动和舆情导控机制不规范、预警处置预案不科学、未建立信息分析研判机制、正面引导机制未形成、与网络媒体合作机制缺失等现象也影响舆情风险及时、有效的处置。

1. 研究海量 Web(微博、论坛、新闻等)多区域、跨渠道外部信息的数据结构化内容提取技术

(1) 数据噪声过滤。针对海量数据的企业及其关注业务主题、议题的舆情风险管控研究的需求，提出基于自然语言词向量表示学习模型的特征表示方法，解决大规模数据中噪声过滤难题和海量数据分布式并行高效过滤问题，噪声数据类型涵盖了广告、娱乐新闻、体育赛事新闻、心灵鸡汤等噪声数据类型，实现基于有限规模噪声数据样本的高效分布式数据过滤功能。

(2) 信息精准分类。针对海量数据中的企业业务相关主题、议题的精准分类需求，解决自然语言文本中公司业务主题相关的舆情分层分类难题，提出基于文本深度学习模型的大数据舆情精准分类，同时利用业务主题标签之间的依赖关系作为正则优化项来提供精准分类的准确率和召回率，以及领域内分布式并行训练

与分类的优化方法。

(3) 业务内容提取。针对海量 Web(微博、论坛、新闻等)多区域、跨渠道外部信息的数据舆情分析的结构化内容提取的需求，根据公司所涉及业务定义结构化要素，涵盖时间、地点、人物、公司、职务、关键词、主体、谓词、客体、情绪、类型等可解释性要素，提出基于长短期记忆(long short term memory，LSTM)网络和 CRF 的实体识别模型解决上述要素抽取难题。

2. 研究文档主题生成模型和概率潜在语义分析技术，获取关于公司的主题结构

(1) 业务领域主题结构检测。针对与国家电网有限公司业务和关注领域网络数据的更细粒度主题检测需求，利用最新融合流式图模型与自然语义词表示学习技术的文档主题检测模型，以及时序稀疏子图的概率潜在主题检测的语义分析技术，解决公司关注网民发帖相关主题与潜在主题的检测问题，包括涵盖了关键词、实体、不同关系的异构网络上异常检测的参数选取问题。

(2) 主题结构模型增量更新。针对文档主题生成模型与概率潜在语义分析均为线上系统的现状，研究除了流式图模型检测的数据时序高效增量更新数据和参数外，还有自然语言本身词语义飘逸和近似增量表示学习瓶颈难题，以及基于估计的增量学习框架，解决文档主题生成模型和概率潜在分析的增量更新。

3. 研究基于自然语言处理的 Web 短文本立场判定技术

(1) 融合舆情热度的情感分类。针对海量数据中涉及公司的舆情影响力的刻画研究需求，利用与公司业务和关注事件主题类型的情感词库、文本深度学习模型，研究舆情的精准情感极性分类，深度学习模型包括卷积神经网络、LSTM 以及情感词的 Attention 模型，解决准确识别与公司有关的正、负面舆情和长期正、负面网络用户及网络媒体等有关问题。

(2) 面向业务领域的立场判别。针对海量数据中网民对涉及公司的舆情立场识别的研究需求，利用与公司业务和关注事件主题类型的舆情及评论者，以及立场相关特征词，研究网民对舆情立场的支持与反对的极性判别，文本深度学习模型包括卷积神经网络、LSTM 以及情感词的 Attention 模型，解决公司业务领域立场的准确识别问题。

(3) 基于深度学习的舆情趋势预测。针对海量数据中涉及公司的全部舆情都需要热度趋势预测的研究需求，利用积累的历史舆情的发展趋势，包括主题、关键词、参与媒体、参与网民以及舆情热度值等，研究融合时间序列热度值和关键词序列的舆情趋势预测模型，解决公司关注舆情的趋势长期预测与短期内准确预测难题。

4. 研究基于深度学习的舆情传播网络溯源分析技术

(1) 构建舆情传播异构网络。针对长期关注电网企业的传媒、微博用户、论坛用户等网民，研究利用历史舆情数据，包括用户传播网络，网络节点对公司舆情关注主题词、情感和立场判别信息，构建异构的信息传播网络。

(2) 基于深度学习的演化溯源分析。针对电网企业业务相关舆情碎片化现状，以及缺乏统一的时序聚类与描述，研究利用深度学习提取和表示自然语言文本语义特征，实现业务相关舆情的时序聚类，实现语义演化与溯源计算，同时实现同一事件上演化与溯源序列要素的统一表示。

(3) 融合情感指标趋势的传播评价。针对传统舆情趋势，预测更多关注热度等度量指标、缺乏融合网民情感趋势的监控，研究网民情感、指标随着主题演化和传播过程的评价机制，实现融合网民传播行为与情感的舆情传播评价分析功能。

9.1.2　基于深度学习的企业内部经营管理风险智能识别

深度学习是机器学习中一种对数据进行表征学习的方法，随着人工智能技术的发展和应用，知识图谱以其强大的语义处理能力和开放组织能力，为互联网时代的知识化组织和智能应用奠定了基础，知识图谱作为关键技术之一，已被广泛应用于智能搜索、智能问答、个性化推荐、内容分发等领域。本书主要涉及的关键技术包括知识图谱的构建、特征编码技术、基于图的半监督学习、聚类分析、lime 算法等。

1. 研究基于知识图谱的不同经营管理主体间多维度信息关联技术

电网企业基于风险管理体系化、系统化、层级化的结构化思想，进行了风险管理框架的构建，确定了风险管理的层次，明确了各类风险的层级与关联关系。目前，电网企业信息库主要由通用风险+电网主业风险信息库、产业特色风险信息库、金融特色风险信息库构成，将公司存在的风险分为三级风险，具体包括一级风险编号、一级风险名称、二级风险编号、二级风险名称、三级风险编号、三级风险名称、三级风险描述、三级风险成因等内容。

目前来看，电网企业在风险框架设计方面，主要还是依赖人工经验总结与判断的方式对业务进行分类、细分进而设计出框架，虽然从理论上来说，可以基本覆盖公司所面临的业务且满足目前风险管理的需要，但仍存在如下待提升的工作内容：一是目前风险框架只是从业务经验上反映了公司风险分类及层级情况，其完整度、准确度未经科学检验；二是目前风险框架只能反映各类风险的层级关系，但无法反映同级风险的重要性排序以及风险之间的关联关系，不能确定对各项风险的管理优先顺序和有效指导风险管理策略的制定；三是风险框架的更新与运维工作缺少自动化手段。

　　知识图谱旨在描述现实世界中存在的实体以及实体之间的关系，以其强大的语义处理能力和开放组织能力，为互联网时代的知识化组织和智能应用奠定了基础。知识图谱通过描述各种实体或概念及其关系，构成一张巨大的语义网络图，逻辑上可分为模式层与数据层两个层次，数据层主要是由一系列的事实组成，而知识将以事实为单位进行存储。如果用(实体1，关系，实体2)、(实体，属性，属性值)这样的三元组来表达事实，可选择图数据库作为存储介质，模式层构建在数据层之上，是知识图谱的核心，通常采用本体库来管理知识图谱的模式层。本体是结构化知识库的概念模板，通过本体库而形成的知识库不仅层次结构较强，而且冗余程度较小。

　　企业风险智能识别管理核心是风险，运用共引分析和关键路径网络分析，绘制所有风险的知识图谱，显示了以风险管理为中心的企业风险管理研究的总体情况。根据知识图谱的聚集特征，明确核心研究群体，以及每个群体的代表和研究方向。为了更进一步分析、研究企业风险管理核心研究群体的特征，可以选取某个特征有代表性的研究群体进行样本分析。统计各个风险出现的频次，中心度(表示风险之间的联系，联系越多越紧密，中心度就越高)表示各个风险的影响力。

　　通过对知识抽取、知识表示、知识融合、知识推理构建知识图谱之后，利用多维尺度分析的方法来对企业内部风险管理相关的文本信息进行分析，结合风险的相似度权重对分析结果绘制风险框架知识图谱，使得分析结果更加直观和形象。

　　2. 基于深度学习的经营管理风险特征编码技术

　　随着大数据时代的到来和数据采集方式的更新换代，在电网企业运营的过程中，会产生大量的历史负面样本和投诉样本。面对这些海量的数据，如何有效地分析并提取出对经营风险有决定意义的特征成为急需解决的难题。对此，深度学习在特征提取和建模上都有着相较于浅层模型显然的优势，受到了越来越多研究者的关注。

　　自动编码器则是深度学习中常用的一个主要模型，其在对海量的数据进行特征提取中发挥了重要的作用，其工作流程如图9-1所示。它能将具体的特征向量逐渐转化为抽象的特征向量，能很好地满足高维数据空间和低维数据空间双向映射的非线性学习，它采用自适应、多层编码网络将高维原始数据转换成低维抽象数据，并利用类似的解码网络从低维抽象数据中重构原始数据的高维数据表示。

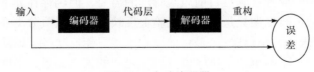

图9-1　自动编码器

一是对无标签数据进行预训练。面对涌现的海量数据，对每个数据进行标注需要耗费大量的人力、物力。对此，本书拟采用自动编码器对文本数据进行无监督学习。根据数据的特点，拟从稀疏自编码、栈式自编码、去噪自编码、压缩自编码中选取合适的自编码方式。根据重构误差调整自动编码器的参数。

二是利用有标签数据进行优化模型参数。根据获得的自动编码器模型提取出数据的抽象特征，拟在自动编码器的最顶的编码层添加一个分类器(逻辑回归)，然后进行多层有监督训练。分类的目标可以是业务类别(包括一级分类、二级分类、三级分类等)，也可以是其他预设的分类标签。通过有监督学习对整个系统的参数进行微调。

根据模型获取有监督数据的抽象特征，结合卷积神经网络构建特征编码模型，即将上述特征输入卷积神经网络进行多层卷积、池化，进一步获得特征编码，如图 9-2 所示。同理在这一过程中也考虑使用业务类别作为标签或其他预设类别作为训练数据的标签。

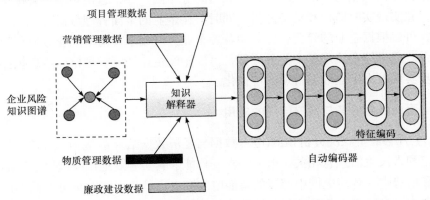

图 9-2　基于深度学习的企业风险特征编码方法

3. 研究基于半监督学习的经营管理风险识别技术

电力企业在风险识别工作中，主要是查找企业各业务单元、各项重要经营活动及其重要业务流程中有无风险，有哪些风险。主要采用了生产流程分析法、风险专家调查列举法、分解分析法等方法，核心即对业务进行分类且细分至可管理的最小业务单元，最小业务单元即末级风险。

4. 研究基于特征值扰动的风险成因解释技术

机器学习算法在人工智能、大数据、物联网等热门领域得到广泛应用。但是现在很多前沿的机器学习模型还是一个黑盒，几乎无法感知它的内部工作状态。这就带来了机器学习模型可信度的问题：该相信某个模型的某个预测结果是正确的吗？或者说该相信某个模型的预测结果普遍都是合理的吗？通俗地来说，如果生产系统正准备替换上一套基于机器学习的系统，它就要确保机器学习模型的工作状态是良好的。

　　从直观上看，解释每次独立预测背后的基本原理能使我们更容易信任或是不信任预测结果，乃至机器学习分类器本身。虽然我们无法理解模型在所有情况下的表现，但是有可能理解(大多数情况都是如此)它在某些特定情况下的行为。

9.2　电力大数据应用建议

　　电力企业的管理数据由于涉及发电、供电、用电、财务等各个业务流程，数据整体呈现出复杂多样、结构化的特点。电力企业可以利用这些特点，针对各个业务流程进行可视化分析并进一步改进各个业务流程。例如，针对供电系统的用户数据，可以根据用户的地理分布图和时间分布图，并结合用户信息来优化供电调度，并实现实时监控和动态分析。同时，在企业的全面管理数据可视化分析进行时，可以根据企业的经营目标，顺着各个业务流程来理清不同业务流程间的逻辑关系。通过综合梳理各个业务流程，可以构建企业经营管理检测信息拓扑图，进一步实现电力企业数据管理的可视化。

9.2.1　面向社会服务与政府部门的应用

　　(1) 社会经济状况分析预测(电力数据与经济数据结合)。电力与经济发展，社会稳定和人民生活息息相关。电力需求变化能够真实客观地反映国民经济的发展现状和形势[44]。智能电网中部署的智能电表和电力信息采集系统可以获得详细的用户电力信息。电力信息采集系统和营销系统累积的大量电力数据，需要采用大数据技术实现多维统计分析。在对行业、地区和电价类别用户用电量数据进行多维分析的基础上，提取社会用电总量及相应的社会经济指标，分析用电量增长与相应社会经济指标的相关性。总结各指标增长率和全社会用电情况的一般规律。通过对用户电力数据的分析，为政府了解和预测全社会各行业的开发利用状况提供依据，为政府在产业调整和经济方面做出合理决策提供依据。

　　(2) 相关政策制定依据和效果分析(电力数据、交通数据、财政数据)。通过分析行业的典型负荷曲线、用户的典型曲线及行业的参考单位国内生产总值(gross domestic product，GDP)能耗，可为政府制定新能源补贴、电动汽车补贴、电价激励机制(如分时电价、阶梯电价)、能效补贴等国家和地方政策提供依据，也可为政府优化城市规划、发展智慧城市、合理部署电动汽车充电设施提供重要参考，还可以评估不同地区、不同类型用户的实施效果，分析其合理性，并提出改进建议。

9.2.2　面向电力客户的服务类应用

(1) 需求侧管理、需求响应(气候数据、社交数据、电力数据)。对用户根据不同的气候条件(如潮湿和干燥地区、高温和低温地区)和不同的社会阶层进行分类。对于每个用户可以绘制不同的电气设备日负荷曲线，分析其电气设备的主要电气特性，包括时间间隔内的功耗、功耗影响因素以及是否可以转移等，分析不同用户对电价的敏感度，包括不同季节和不同时间对电价的敏感度。通过聚合，可以获得由某个区域或某种类型的用户提供的需求响应的总量，然后可以分析哪个部分容量和多少个时间段的需求响应量是可靠的。分析结果可为建立需求管理/响应激励机制提供依据。

(2) 用户能效分析和管理。为用户进行能效分析[45]，通过安装的智能电表可以在短时间间隔内获得电力消耗数据。通过仪表数据可以识别不同类型用户的负载率，并且可以通过与典型数据的比较来获得能效分析结果。对大用户负载曲线，采用数据挖掘技术，按照具体的功能算法，按行业、季度汇总到行业典型的负载曲线模型，然后所有用户的负载曲线和行业的典型负载曲线比较并分析了用户的典型负荷曲线变化趋势，给予用户能效评估，并提出改进建议。

(3) 业扩报装等营销业务辅助分析(基建部、营销部、运检部)。将用电信息采集系统、营销系统和生产管理系统(production management system，PMS)及数据采集与监视控制(supervisory control and data acquisition，SCADA)系统的数据相融合，实现变电站的负荷和功率检测与分析。为加快客户的用电申请受理速度，缩短报装时限，提高供电服务水平提供技术支持。同时，大大提高了电网设备运行的可靠性，为优化配电网结构，减少电网生产故障，提高公司电力营销管理的精益水平提供了手段。

(4) 供电服务舆情监测预警(舆情数据与销售部、运检部)。通过与互联网服务对接机制，如微博、WeChat 和博客，收集大量的能耗信息、用户信息和舆论信息，建立一个大数据舆论监测和分析系统，并使用大数据收集、存储、分析和采矿技术，开采和提炼关键信息，从互联网的大量数据中，建立负面信息关联分析和监控模型，及时洞察和响应客户行为，拓展互联网营销服务渠道，完善企业营销管理和优质服务。

(5) 电动汽车充电设施建设与部署(多域数据融合)。整合电动汽车用户信息、居民信息、配电网数据、电力信息数据、地理信息系统数据、社会经济数据等，可以利用大数据技术预测电动汽车的短期及中长期拥有量、发展规模和趋势、用电量需求和最大负载等。根据交通密度等因素，为电动汽车充电设施规划模型和评价模型建立和部署提供基础[46]。

9.2.3　面向国网公司运营和开发的应用

(1) 电力系统暂态稳定性分析与控制。在线暂态稳定分析与控制一直是电力运营商追求的目标。随着互联电网规模越来越大，暂态稳定分析和控制的离线决策、在线匹配模式和在线决策、实时匹配模式已经不能满足大电网安全稳定运行的要求，逐渐发展的方向为实时决策和实时控制。

(2) 基于电网设备在线监测数据的故障诊断与状态检修。在实现各种历史数据和实时数据融合的基础上，大数据技术应用于状态维修，可以实现在故障诊断和决策的复杂环境下电网设备的关键性能的动态评价。相关识别故障诊断为解决现有维修问题提供技术支持。

(3) 短期、超短期负荷预测。分布式能源和微网的集成使得负荷预测与发电预测的复杂性逐渐增高。负荷预测还必须考虑天气和能源交易条件的影响，包括市场驱动的需求响应。传统的预测方法不能反映某些因素对负荷的影响，从根本上限制了其应用范围和预测精度。应用大数据技术建立各影响因素与负荷预测的定量关联，有针对性地构建负荷预测模型，更准确地预测短期/超短期负荷。

(4) 配电网故障定位。利用大数据技术，对 SCADA 等系统的数据进行优化判断，建立新的配电网故障管理系统，快速定位故障，处理故障停电问题，提高供电可靠性。此外，分布式电源在系统中所占比例逐渐增加，其接入会影响系统保护设置和定位标准。对于分布式电源配电网的故障定位，应根据不同的并网要求选择合适的定位策略。

(5) 防窃电管理。电力公司通过综合分析功率差动超限、相位故障、线路损失率超标、用户篡改行为预警等数据，可以建立篡改行为分析模型；营配系统的数据融合，可以比较用户负荷曲线、仪表电流、电压和功率因数与变压器负载数据，结合电网运行数据，实现线损每日结算的具体线路，通过线损管理函数不仅可以定位窃电用户的线路，而且完美解决目前的检测范围宽、调查困难的问题。

(6) 电网设备资产管理。基于电网设备信息、运行信息、环境信息(气象、气候等)和历史故障缺陷信息，从设备或项目的长远利益出发，综合考虑不同类型、不同操作年限的设备在规划、设计、制造、采购、安装、调试、运行、维护、修改、更新、报废的整个过程中，寻求一个生命周期成本最低的管理理念和方法。根据交通、市政等外部信息，使其与网格设备和线路 GPS 坐标相关联，可以对网格外部破坏失效进行预警分析。

(7) 储能技术应用。由于储能系统主要由大量的电池(数以万计)组成，电池电压、电流、功率、电池充电状态等信息是每个电池都包含的。整个电厂的监测信息息总量可能达到几十万个点，与储能有关的数据量非常大。利用大数据分析技术，可以有效地采集、处理和分析储能监控系统的数据，为储能应用提供依据。

(8) 城市电网规划。通过电力数据、用户电力数据、城市服务数据，基于 GIS 的城市配电网拓扑结构和设备运行数据、城市供电可靠性数据和气候数据、人口数据、城市社会经济数据、城市节能和新能源政策建设与运营数据等的整合，可以识别薄弱环节以及辅助城市电网规划。此外，在上述数据融合的基础上，利用人口调查信息、用户的实时电力信息、地理和气象信息等绘制"电力地图"，将电力消耗与人均收入，建筑类型和其他信息进行比较，可以反映出各群体的区域经济形势和用电习惯，具有更好的可视化效果，为电网规划和决策提供直观支持[46]。

参 考 文 献

[1] 中国信息通信研究院. 大数据白皮书[Z]. 2018.

[2] NITRD. 联邦大数据研究与开发战略计划[Z]. 2016.

[3] 云上贵州[EB/OL]. https://www.gzdata.com.cn/c77/index.html[2017-06-29].

[4] 词 素 [EB/OL]. https://baike.baidu.com/item/%E8%AF%8D%E7%B4%A0/6860195?fr=aladdin [2018-05-18].

[5] 王元昇. 贵州六盘水发展大数据重要意义及优势[J]. 商情, 2016(29): 78.

[6] Halevy A, Korn F, Noy N F. Goods:Organizing Google's datasets[C]. Proceedings of the 2016 International Conference on Management of Data, 2016: 795-806.

[7] 京东金融大数据分析平台总体架构[EB/OL]. https://wenku.baidu.com/view/5e685f62afaad1f34693 daef5ef7ba0d4b736d16.html[2018-06-30].

[8] 高伟. 数据资产管理: 盘活大数据时代的隐形财富[M]. 北京: 机械工业出版社, 2016.

[9] 中国电机工程学会信息化专委会. 中国电力大数据发展白皮书[Z]. 2013.

[10] 赵勇, 刘娟, 李健. 智慧城市体系框架浅析[J]. 电信网技术, 2013(4): 1-6.

[11] 税一秦, 吕林, 刘友波. 电力系统智能预警的数据融合应用[J]. 华东电力, 2013, 3: 554-557.

[12] 王倩茹. 基于灰色模型的预处理方法和智能模型[D]. 兰州: 兰州大学, 2013.

[13] 宋金玉, 陈爽, 郭大鹏, 等. 数据质量及数据清洗方法[J]. 指挥信息系统与技术, 2013, 4(5): 63-70.

[14] 李政伟, 聂茹. 数据仓库中元数据标准的研究[J]. 计算机技术与发展, 2004, 14(4): 125-129.

[15] 陈华. 凉山供电公司电力数据远程采集系统的设计与实现[D]. 成都: 电子科技大学, 2015.

[16] 徐卫东. 浅谈电力用户用电信息采集系统及应用[C]. 江苏省电机工程学会测试技术与仪表 专业委员会年会, 南京, 2013.

[17] 杨轶凯. 城市地下管网综合管理系统的设计与实现[D]. 沈阳: 东北大学, 2016.

[18] 傅思勇, 符茂胜. 基于虚拟仪器的多线程数据采集与分析系统设计[J]. 宜春学院学报, 2014, 36(3): 30-33.

[19] 赵勇, 刘娟, 李健. 智慧城市体系框架浅析[J]. 电信网技术, 2013(4): 36-43.

[20] 黄炜. 利用分级存储模式实现海量数据高效存储[J]. 中国电子商务, 2012(20): 50-59.

[21] 汤怀美, 张程, 杨冬菊. 一种支持科技信息资源共享的数据服务模型[J]. 微电子学与计算 机, 2011, 28(8): 166-172.

[22] oop——聚合 vs 组合 vs 关联 vs 直接关联[EB/OL]. https://codeday.me/bug/20171006/80015. html[2017-10-06].

[23] 王光远, 吕大刚, 等. 结构智能选型: 理论、方法与应用[M]. 北京: 中国建筑工业出版社, 2005.

[24] 梁硕宏. 基于表示学习的知识图谱关系抽取[D]. 北京: 北京邮电大学, 2017.

[25] 大数据分析原理与实践[EB/OL]. https://m.aliyun.com/yunqi/articles/117538[2017-07-30].

[26] 陈文伟, 陈晟. 从数据到决策的大数据时代[J]. 吉首大学学报(自然科学版), 2014, 35(3): 31-36.

[27] 张子良. 数据挖掘标准规范之 CRISP-DM 基础[EB/OL]. https://blog.csdn.net/hadoopdevelop/ article/detail[2018-02-07].

[28] 朱立彬. 挖掘数据建立企业包装标准库[J]. 上海包装, 2014(4): 53-58.

[29] 王宏志. 大数据分析原理与实践[M]. 北京: 机械工业出版社, 2017.

[30] Wang J. Kafka 的分布式架构设计与 High Availability 机制[EB/OL]. https://blog.csdn.net/ebay/ article/details/46549661[2017-12-18].

[31] Apache Kafka 教程[EB/OL]. https://www.w3cschool.cn/apache_kafka/apache_kafka [2016-12-27].

[32] 程裕强. Kafka 基本架构介绍[EB/OL]. https://blog.csdn.net/chengyuqiang/article/details/78383856 [2017-10-29].

[33] 某文宇. Kafka 学习笔记总结[EB/OL]. https://blog.csdn.net/suilz/article/details/79999373 [2018-04-19].

[34] Zookeeper 基础教程[EB/OL]. https://www.cnblogs.com/LOVE0612/p/9579751.html[2018-09-05].

[35] 卢建昌, 樊围国. 大数据时代下数据挖掘技术在电力企业中的应用[J]. 广东电力, 2014, 27(9): 88-94.

[36] sklearn 库的学习[EB/OL]. https://blog.csdn.net/u014248127/article/details/78885180[2017-12-24].

[37] Keras: 基于 Python 的深度学习库[EB/OL]. https://keras-cn.readthedocs.io/en/latest/[2018-05-16].

[38] 路晶. 大数据可视分析研究综述[J]. 科技展望, 2015(16): 123-131.

[39] Echart 特性[EB/OL]. http://blog.csdn.net/weixin_40393909/article/details/82871264[2018-09-27].

[40] 曹伟. MySQL 云数据库服务的实现[J]. 程序员, 2012(12): 97-101.

[41] 王军. 数据归档与信息检索系统的研究与实现[D]. 太原: 太原理工大学, 2012.

[42] 王岩. 基于 XML 技术历史数据归档与重构的研究应用[D]. 太原: 太原理工大学, 2011.

[43] 程玉. 磁介质数据销毁技术的研究[D]. 成都: 电子科技大学, 2010.

[44] 宗劲冲. RFID 技术在智能电网数据采集中的研究[D]. 北京: 华北电力大学, 2013.

[45] 晁进. 基于数据挖掘技术的电网智能报警系统的研究[D]. 北京: 华北电力大学, 2011.

[46] 张东霞, 苗新, 刘丽平, 等. 智能电网大数据技术发展研究[J]. 中国电机工程学报, 2015(1):2-12.